中国石油天然气集团有限公司统编培训教材

天然气与管道业务分册

油气管道用能管理

《油气管道用能管理》编委会　编

U0201646

石油工业出版社

内 容 提 要

本书为中国石油天然气集团有限公司第一本有关油气管道能耗管理的培训教材。教材详述了能耗基本构成及常用统计方法，说明了能耗数据采集范围、计量设备配备要求及数据上传方式，介绍了数理统计和工艺计算两种重要能耗预测方法，并且从管网、管道及站场等多个层面介绍了节能降耗措施。其中，在站场用电方面，阐述了国内现行销售电价政策，以及优化控制用电成本策略与方法。此外，还介绍了管道能效评价指标及不同层级能效评价方法。最后，讲述了油气管道公司能耗管控机制。

本书可作为油气管道生产运行及能源管理人员的培训教材。

图书在版编目（CIP）数据

油气管道用能管理/《油气管道用能管理》编委会编.—北京：石油工业出版社，2019.6
中国石油天然气集团有限公司统编培训教材
ISBN 978－7－5183－3373－8

Ⅰ.①油…　Ⅱ.①油…　Ⅲ.①油气运输–管道运输–能源管理–技术培训–教材　Ⅳ.①TE973

中国版本图书馆 CIP 数据核字（2019）第 085465 号

出版发行：石油工业出版社
　　　　　（北京安定门外安华里 2 区 1 号　　100011）
　　　　　网　　址：www.petropub.com
　　　　　编辑部：（010）64252978
　　　　　图书营销中心：（010）64523633
经　　销：全国新华书店
印　　刷：北京中石油彩色印刷有限责任公司

2019 年 6 月第 1 版　2019 年 6 月第 1 次印刷
710×1000 毫米　开本：1/16　印张：12.25
字数：220 千字

定价：48.00 元
（如出现印装质量问题，我社图书营销中心负责调换）

《油气管道用能管理》
编审人员

主　　编：黄泽俊

副　主　编：唐善华

编写人员：刘振方　刘　松　王乾坤　管维均

　　　　　刘国豪　许彦博　金　硕　李　博

　　　　　吕晓华　邵铁民　杨景丽　王小果

　　　　　蒲镇东　徐洪敏　丁　媛　姜　勇

　　　　　史　爽

评审人员：崔红升　张志军

序

企业发展靠人才，人才发展靠培训。当前，中国石油天然气集团有限公司（以下简称集团公司）正处在加快转变增长方式，调整产业结构，全面建设综合性国际能源公司的关键时期。做好"发展""转变""和谐"三件大事，更深更广参与全球竞争，实现全面协调可持续，特别是海外油气作业产量"半壁江山"的目标，人才是根本。培训工作作为影响集团公司人才发展水平和实力的重要因素，肩负着艰巨而繁重的战略任务和历史使命，面临着前所未有的发展机遇。健全和完善员工培训教材体系，是加强培训基础建设，推进培训战略性和国际化转型升级的重要举措，是提升公司人力资源开发整体能力的一项重要基础工作。

集团公司始终高度重视培训教材开发等人力资源开发基础建设工作，明确提出要"由专家制定大纲、按大纲选编教材、按教材开展培训"的目标和要求。2009年以来，由人事部牵头，各部门和专业分公司参与，在分析优化公司现有部分专业培训教材、职业资格培训教材和培训课件的基础上，经反复研究论证，形成了比较系统、科学的教材编审目录、方案和编写计划，全面启动了《中国石油天然气集团有限公司统编培训教材》（以下简称"统编培训教材"）的开发和编审工作。"统编培训教材"以国内外知名专家学者、集团公司两级专家、现场管理技术骨干等力量为主体，充分发挥地区公司、研究院所、培训机构的作用，瞄准世界前沿及集团公司技术发展的最新进展，突出现场应用和实际操作，精心组织编写，由集团公司"统编培训教材"编审委员会审定，集团公司统一出版和发行。

根据集团公司员工队伍专业构成及业务布局，"统编培训教材"按"综合管理类、专业技术类、操作技能类、国际业务类"四类组织编写。综合管理类侧重中高级综合管理岗位员工的培训，具有石油石化管理特色的教材，以自编方式为主，行业适用或社会通用教材，可从社会选购，作为指定培训教材；专业技术类侧重中高级专业技术岗位员工的培训，是教材编审的主体，按照《专业培训教材开发目录及编审规划》逐套编审，循序推进，计划编审300余门；操作技能类以国家制定的操作工种技能鉴定培训教材为基础，侧重主体专业（主要工种）骨干岗位的培训；国际业务类侧重海外项目中外员工的培训。

"统编培训教材"具有以下特点：

一是前瞻性。教材充分吸收各业务领域当前及今后一个时期世界前沿理论、先进技术和领先标准，以及集团公司技术发展的最新进展，并将其转化为员工培训的知识和技能要求，具有较强的前瞻性。

二是系统性。教材由"统编培训教材"编审委员会统一编制开发规划，统一确定专业目录，统一组织编写与审定，避免内容交叉重叠，具有较强的系统性、规范性和科学性。

三是实用性。教材内容侧重现场应用和实际操作，既有应用理论，又有实际案例和操作规程要求，具有较高的实用价值。

四是权威性。由集团公司总部组织各个领域的技术和管理权威，集中编写教材，体现了教材的权威性。

五是专业性。不仅教材的组织按照业务领域，根据专业目录进行开发，且教材的内容更加注重专业特色，强调各业务领域自身发展的特色技术、特色经验和做法，也是对公司各业务领域知识和经验的一次集中梳理，符合知识管理的要求和方向。

经过多方共同努力，集团公司"统编培训教材"已按计划陆续编审出版，与各企事业单位和广大员工见面了，将成为集团公司统一组织开发和编审的中高级管理、技术、技能骨干人员培训的基本教材。"统编培训教材"的出版发行，对于完善建立起与综合性国际能源公司形象和任务相适应的系列培训教材，推进集团公司培训的标准化、国际化建设，具有划时代意义。希望各企事业单位和广大石油员工用好、用活本套教材，为持续推进人才培训工程，激发员工创新活力和创造智慧，加快建设综合性国际能源公司发挥更大作用。

《中国石油天然气集团有限公司统编培训教材》
编审委员会

前　言

　　20世纪90年代后，为了满足国民经济快速和高质量发展需要，特别是京津沪等发达地区发展需要，我国陆续建设运营陕京线、西气东输、中俄天然气管道和漠河—大庆原油等大型长输管道。近年来，陆上油气管道呈现出长距离、高压力、大口径发展趋势，管道节能经济运行面临前所未有的挑战，管道用能管理工作受到管道运营企业高度重视。为了持续推进油气管道节能降耗工作，有效降低管道运营成本，中国石油天然气集团有限公司（简称集团公司）所属天然气与管道分公司组织国内一流科研院所开展了一系列科研工作，在能耗预测、能效分析、用电管理等方面取得了重要成果，并应用于油气管道能耗管理实践。教材从历年科研成果、技术标准收集素材，从一线生产实践汲取先进经验。

　　教材内容从能耗统计、数据采集、预测方法、节能措施、能效评价和管理机制等多个环节进行了系统讲述，涵盖了油气管道能耗管理各个方面，既有基本理论的阐述，也有实践经验上的分享。为了保证教材内容的先进性，教材内容参照了国家和行业标准，以及国内外有关能耗管理的文献资料，借鉴了集团公司所属天然气与管道分公司历年开展的多项科研项目成果。同时为保证教材内容涵盖更广、操作性更强，聘请了行业内多名资深专家对教材内容进行了审阅，并根据专家意见进行了相应补充和修改。教材内容系统、丰富、新颖，可作为从事油气管道生产运行及能源管理人员的培训教材。

　　教材由刘振方、刘松、王乾坤、管维均、刘国豪、许彦博、金硕、李博等同志共同编写完成。其中，第一章由管维均和王小果完成；第二章由金硕和王景丽完成；第三章由许彦博、刘国豪、刘松和姜勇完成；第四章由王乾坤、李博、刘振方完成；第五章由王乾坤、李博、刘振方、刘国豪、邵铁民、蒲镇东、徐洪敏、丁媛和史爽完成；第六章由刘振方、刘松和吕晓华完成；第七章由管维均完成。全书由刘振方负责统稿。

　　由于编者能力有限、经验不足，教材难免存在不足和欠缺，恳请读者批评指正。

编者

说　明

　　本教材可作为集团公司所属天然气与管道分公司的专用培训教材。为持续推进油气管道节能降耗工作，适应未来节能降耗要求，对培训对象的划分及其应掌握和了解的内容在本教材中的章节分布作如下说明，仅供参考：

　　（1）天然气与管道分公司所属地区管道公司生产运行及能耗管理人员需要了解所有章节内容，重点掌握第五章、第六章和第七章内容。

　　（2）天然气与管道分公司所属调度控制中心生产运行人员需要重点掌握第二章和第五章内容；能耗管理人员需要重点掌握第三章至第六章内容。

　　（3）地区管道公司所属分公司、管理处、作业区及站场生产运行及能耗管理人员需重点掌握第三章和第五章内容。

目　录

第一章 绪论

第一节 能源概述

一、能源储量情况

我国常规能源煤炭、石油、天然气及水电储量相当丰富。煤炭探明储量 $2440×10^9t$，位居世界第二，具体情况见表 1-1；石油探明储量 $35.0×10^9t$，位居世界第十三，具体情况见表 1-2；天然气探明储量 $54000×10^9m^3$，位居世界第九，具体情况见表 1-3；水电探明储量 $0.68×10^9kW \cdot h$，位居世界第一。现已探明，我国煤炭占能源资源总储量的 98% 以上，石油和天然气所占比例很小，不到 2%，这是我国能源储量构成的最大特点。我国能源储量构成以煤为主，从根本上决定了我国能源生产和能源消费以煤为主的基本格局，奠定了我国能源自给政策的基础。

表 1-1 世界煤炭探明储量及排名情况

排名	国家	煤炭探明储量（2016 年年底）	
		储量,10^6t	占比,%
1	美国	251582	22.1
2	中国	244010	21.4
3	俄罗斯	160364	14.1
4	澳大利亚	144818	12.7
5	印度	94769	8.3
	世界总计	1139331	100.0

表1-2　世界石油探明储量及排名情况

排名	国家	石油探明储量（2016 年年底）	
		储量，10^9 bbl	占比，%
1	委内瑞拉	300.9	17.6
2	沙特阿拉伯	266.5	15.6
3	加拿大	171.5	10.0
4	伊朗	158.4	9.3
5	伊拉克	153.0	9.0
6	俄罗斯	109.5	6.4
7	科威特	101.5	5.9
8	阿联酋	97.8	5.7
9	利比亚	48.4	2.8
10	美国	48.0	2.8
11	尼日尔	37.1	2.2
12	哈萨克斯坦	30.0	1.8
13	中国	25.7	1.5
14	卡塔尔	25.2	1.5
15	巴西	12.6	0.7
	世界总计	1706.7	100.0

表1-3　世界天然气探明储量及排名情况

排名	国家	天然气探明储量（2016 年年底）	
		储量，10^{12} m^3	占比，%
1	伊朗	33.5	18.0
2	俄罗斯	32.3	17.3
3	卡塔尔	24.3	13.0
4	土库曼斯坦	17.5	9.4
5	美国	8.7	4.7
6	沙特阿拉伯	8.4	4.5
7	阿联酋	6.1	3.3
8	委内瑞拉	5.7	3.1
9	中国	5.4	2.9
10	尼日尔	5.3	2.8
	世界总计	186.6	100.0

二、能源消费情况

1. 世界能源消费情况

2016 年，世界能源消费总量 $1.33×10^{10}$ toe（吨油当量），同比增长 1.5%，见表 1-4，相比之下，略低于过去 10 年平均增长率 1.8%。2016 年的增长基本来自于快速增长的发展中经济体，约有一半的增长量来自中国和印度。印度能源需求增长 5.4%，与近年来的增长率类似。不过中国的能源需求仅增长 1.3%，接近于 2015 年 1.2% 的能源需求增长，只约为其 10 年平均增长率的 1/4。2015 年和 2016 年是 1997—1998 年以来能源需求增速最为缓慢的两年，尽管增速放缓，但中国的需求逐年增长，已连续第 16 年成为全球范围内增速最快的能源市场。经合组织发达国家需求基本保持不变（仅增长 0.2%）。

表 1-4　世界一次能源消费量排名情况

排名	国家	一次能源消费量 10^6 toe
1	中国	3047.2
2	美国	2228.0
3	印度	722.3
4	俄罗斯	689.6
5	日本	451.2
6	加拿大	339.0
7	德国	328.2
8	巴西	293.0
9	韩国	292.2
10	沙特阿拉伯	264.5
11	伊朗	259.8
12	法国	238.9
13	墨西哥	194.9
14	英国	192.2
15	印度尼西亚	167.4
世界总计		13258.5

原油方面，2016 年即期布伦特平均价格为每桶 44 美元，低于 2015 年的每桶 52 美元，也是自 2004 年以来最低的年平均价格。全球石油用量增长强劲，增幅 1.6%，平均每天增加 160 万桶，连续第二年高于其 10 年平均增速。印度（增长 30 万桶/天）和欧洲（增长 30 万桶/天）的需求增长强劲，而中国的需求虽继续增长（增长 40 万桶/天），但增幅与近年的水平相比有所下滑。价格疲软影响了全球石油产量的增长，2016 年仅增长 0.5%，是 2009 年以来的最低增幅，仅为 40 万桶/天。在这一增长总量中，欧佩克产量增长 120 万桶/天，产量增长明显的有伊朗（增长 70 万桶/天）、伊拉克（增长 40 万桶/天）和沙特阿拉伯（增长 40 万桶/天）。相比之下，非欧佩克石油产量下滑 80 万桶/天，是近 25 年来的最大年跌幅。其中产量下滑幅度最大的国家包括美国（下滑 40 万桶/天）、中国和尼日利亚（均下滑 30 万桶/天）。

天然气方面，2016 年全球天然气消费量增加 1.5%，低于 2.3% 的 10 年平均增长率。不过，天然气消费量在欧洲（增长 6%）、中东（增长 3.5%）和中国（增长 7.7%）增长强劲。全球天然气产量仅增长 0.3%，除金融危机期间之外，这是 34 年以来产量增长最低的一年。由于天然气价格较低，美国的天然气产量也出现了页岩气革命开始以来的首次下滑。澳大利亚由于新建天然气液化设施投产，天然气产量大幅增加。受澳大利亚新建输出设施的拉动，全球液化天然气进/出口增长 6.2%。随着更多新建项目投产，液化天然气生产有望在未来 3 年内增长约 30%。

煤炭方面，2016 年全球煤炭消费量连续第二年下滑，下滑 1.7%，即 5300×10^4 toe。煤炭因此在一次能源产量中的占比滑落至 28.1%，是 2004 年以来的最低占比。消费量下滑主要源自美国（下滑 8.8%，3300×10^4 toe）和中国（下滑 1.6%，2600×10^4 toe）。世界煤炭产量下滑 6.2%，即 2.31×10^8 toe，是有史以来最大的年跌幅。产量的下滑仍源自中国（下滑 7.9%，即 1.4×10^8 toe）和美国（下滑 19%，即 8500×10^8 toe）。在英国，煤炭消费量减少了一半以上（-52.5%），已下滑到约 200 年前工业革命之初的水平，电力部门于 2017 年 4 月实现了首个 "无煤炭" 日。

可再生能源方面，仅占一次能源的 4%，2016 年可再生能源继续保持最快增速。不考虑水电，可再生能源增长 12%，虽然低于 15.7% 的可再生能源 10 年平均增长水平，但这仍是有史以来最大的年增量（增加 5500×10^4 toe，超出煤炭消耗量的减少量）。2016 年，中国超越美国成为世界最大的可再生电力单一生产国，而亚太地区则超越欧洲和欧亚大陆成为可再生电力最大的生产地区。

其他燃料方面，核能产量在 2016 年增长 1.3%，即 930×10^4 toe。中国核能产量年增长 24.5%，核电所有净增长均来自中国。中国的增量达到 960×10^4 toe，是 2004 年以来（相比于任一国家）的最大增量。水电在 2016 年增长

2.8%，增长量为 $2710×10^4$toe。最大的增量仍来自中国，美国紧随其后。

2. 中国能源消费情况

2016 年，中国能源消费总量 $43.6×10^9$tce（吨标准煤当量），继续保持增长态势。中国仍然是世界上最大的能源消费国，占全球能源消费量的 23%，全球能源消费增长的 27%。中国的能源结构持续改进。尽管煤炭仍是中国能源消费中的主要燃料（占比为 62%），但其产量下降 7.9%，创下自 1981 年开始追踪该数据以来最大年度降幅。中国的二氧化碳排放量连续第二年下降，降幅 0.7%。能源消费结构进一步优化，非化石能源的消费比重达到 13.3%，同比提高 1.3%。其中煤炭消费量 $26.1×10^9$tce，在能源消费总量中的比例继续下降，原油、天然气、电力消费量在能源消费总量中的比例分别有所上升，具体情况见表 1-5。

表 1-5　2016 年中国一次能源消费量结构

年份	能源消费总量,10^9tce	能源结构,%			
		煤炭	石油	天然气	水能、核能、风能
2010	36.06	69.2	17.4	4.0	9.4
2011	38.70	70.2	16.8	4.6	8.4
2012	40.21	68.5	17.0	4.8	9.7
2013	41.69	67.4	17.1	5.3	10.2
2014	42.60	66.0	17.1	5.7	11.2
2015	42.12	63.8	18.0	5.9	12.3
2016	43.6	61.3	19.5	6.4	12.8

第二节　管道概况

管道运输是用管道作为运输工具的一种长距离输送液体和气体物资的运输方式，是一种专门由生产地向市场输送石油、煤和化学产品的运输方式。管道运输广泛用于石油、天然气的长距离运输，还可运输矿石、煤炭、建材、化学品和粮食等。在跨国油气运输上，管道运输有其独特优越性。油气管道运输具有以下优点：运量大、运费低、连续性强，能够平稳、不间断地、自动化地运输油气；管道在地下密闭运行，安全性高，密闭管道运输能降低运输损耗；管道还具有占地少、环境污染小、综合效益好的优点。这些优势条件能够很好满足能源跨国运输的安全需求，能够使国家发展油气运输时重视管道运输方式，天然气管输产业链如图1-1所示。

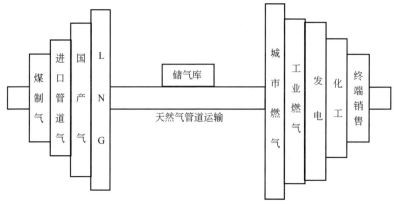

图1-1　天然气管输产业链

一、国外管道现状

截至2016年年底，全球在役油气长输管道总量3800余条，总长209.6×10^4km，见表1-6。其中，天然气管道占比约64.7%，为最重要的管道构成；原油与成品油管道分别占比19.4%与15.8%。按地区分布，北美管道总长度位居全球第一，占比达43%，其后包括俄罗斯及中亚、亚太、欧洲等地区，占比分别为15%、14%和14%，如图1-2所示；按国家分布，美国、俄罗斯与加拿大排名居前，中国的油气长输管道与这些国家相比尚存有较大差距，仅约占全球总里程的6%。

表1-6　2016年年底世界油气长输管道分布情况

管道所在地区	原油管道，km	成品油管道，km	天然气管道，km	合计，km
亚太	52084	34363	204145	290592
俄罗斯及中亚	79594	20164	212252	312010
欧洲	26466	23412	241137	291014
北美	162856	190784	546405	900045
拉丁美洲	24259	14997	48519	87775
中东及非洲	62126	47957	104353	214437
合计	407386	331677	1356810	2095873

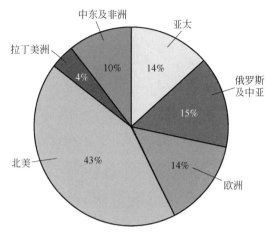

图 1-2　2016 年年底世界油气长输管道分布情况

二、国内管道现状

截至 2016 年年底，中国境内油气长输管道总里程约为 12.6×10^4 km，如图 1-3 所示，占全球油气长输管道总里程的 6%。其中，天然气管道约 7.4×10^4 km，原油管道约 2.6×10^4 km，成品油管道约 2.6×10^4 km，基本形成了横贯东西、纵贯南北的油气长输管道输送网络。

1. 中国石油长输管网现状

截至 2016 年年底，中国石油油气长输管道总里程为 7.9×10^4 km，其中，天然气管道为 4.9×10^4 km，原油管道为 1.9×10^4 km，成品油管道为 1.1×10^4 km。中国石油的油气长输管道里程占全国管道总里程的 62.6%，天然气管道主要有西气东输一线、西气东输二线、西气东输三线、陕京一线、陕京二线、陕京三线、涩宁兰、涩宁兰复线、中贵线、中缅天然气管道等 41 条管道，贯通中亚、塔里木、青海、长庆、西南几大气区和 30 个省市，1000 多家大型用户，年输气能力 1700×10^8 m^3，惠及近 5 亿人口；原油管道主要有漠大线、庆铁线、铁抚线、铁大线、铁锦线、日东线、津华线、石兰线、惠银线、长呼线、阿独线、西部原油管道、兰成线、中缅原油管道等 21 条管道，承担进口原油及国内 9 个油田的原油外输和 20 多个炼厂的原油供应任务，年输油能力 2.4×10^8 t；成品油管道主要有西部成品油管道、兰郑长、兰成渝等 11 条管道，年输油能力近 3000×10^4 t，向西北、华东、华中、西南的 40 多个地区供应各种标号的汽、柴油。除西藏、海南、台湾、澳门等地区外，其他省份均有长输管道分布。

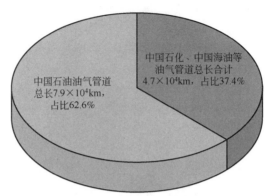

图1-3　2016年年底全国油气长输管道里程情况

2. 中国石化长输管网现状

截至2016年年底，中国石化油气长输管道总里程2.71×10⁴km，其中成品油管道1.4×10⁴km、原油管道6800km、天然气管道6300km，主要分布在西南、华中、东南、华北等地区。

3. 中国油气管网发展展望

根据《国家发展改革委国家能源局关于印发〈中长期油气管网规划〉的通知》（发改基础〔2017〕965号），2020年和2025年，中国油气管道总里程将分别达到16.9×10⁴km和24×10⁴km；到2025年，油气管网覆盖进一步扩大，结构进一步优化，储运能力大幅提升。全国省区市成品油、天然气主干管网全部连通，100万人口以上的城市成品油管道基本接入，50万人口以上城市天然气管道基本接入。形成安全稳定的储运系统，提供公平开放的公共服务。展望2030年，全国油气管网基础设施较为完善，普遍服务能力进一步提高，天然气利用逐步覆盖至小城市、城郊、乡镇和农村地区，基本建成现代油气管网体系。

第三节　能耗概述

目前，中国石油油气长输管道主要由中石油管道有限责任公司负责运营管理，下设6家管道成员企业，分别是北京油气调控中心、管道分公司、西气东输管道分公司、西部管道分公司、北京天然气管道有限公司和西南管道分公司，由北京油气调控中心对主要管道实施集中调控。

一、能耗类型

目前，长输管道能耗实物以天然气为主，其次是原油和电力，3 种实物消耗量占总能耗的 98% 以上。2016 年，管道耗能约 310×10^4 tce，从能源消耗实物上看，天然气 $18.0 \times 10^9 \mathrm{m}^3$，占 77.3%；电力 $46.4 \times 10^8 \mathrm{kW \cdot h}$，占 18.4%；原油 6.3×10^4 t，占 2.9%，柴油、原煤、蒸汽等 4.5×10^4 tce，占 1.4%，具体情况如图 1-4 所示。

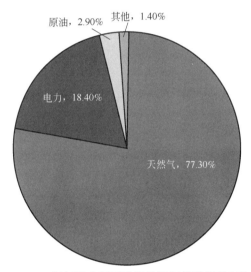

图 1-4　2016 年年底中国石油长输油气管道能耗实物占比

目前，中国石油油气长输管道能耗结构主要是由管道里程决定的，天然气管道长为 4.9×10^4 km，原油管道长为 1.9×10^4 km，成品油管道长为 1.1×10^4 km，分别占比 62%、24%、14%。

二、不同输送介质管道能耗

从管输业务上看，天然气管道能耗 272.7×10^4 tce，占管输总能耗的 88.0%，主要能耗实物是天然气和电力；原油管道能耗 31.5×10^4 tce，占管输总能耗的 10.1%，主要能耗实物是原油、天然气和电力；成品油管道能耗 5.9×10^4 tce，占管输总能耗的 1.9%，主要能耗实物是电力，具体情况如

图 1-5 所示。

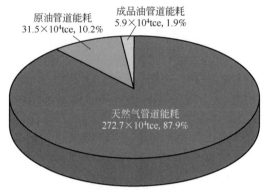

成品油管道能耗
5.9×10⁴tce, 1.9%
原油管道能耗
31.5×10⁴tce, 10.2%

天然气管道能耗
272.7×10⁴tce, 87.9%

图 1-5　2016 年年底中国石油油气长输管道能耗情况

第四节　节能意义

　　节能就是尽可能地降低能源消耗量，生产出与原来同样数量、同样质量的产品，或者是以原来同样数量的能源消耗量，生产出比原来数量更多或数量相同质量更好的产品。节能就是应用技术上现实可靠、经济上可行合理、环境和社会都可以接受的方法，有效利用能源，提高用能设备或工艺的能量利用效率，因此节能具有明显的现实意义。节能是贯彻落实科学发展观、构建社会主义和谐社会的重大举措，是建设资源节约型、环境友好型社会的必然选择，对于调整经济结构、转变增长方式、提高人民生活质量、维护中华民族长远利益，具有极其重要而深远的意义。也是我国对国际社会应该承担的责任。我们要充分认识节能工作的重要性和紧迫性。

一、有助于解决国内环境问题

　　以煤为主的能源开发与利用造成严重的环境问题。我国能源消耗总量大，而且仍在快速增长。以煤为主的能源消费结构带来了严重的空气污染和温室气体排放问题。2015 年，全国 78.4% 以上的地级城市空气质量未达到国家二级标准，酸雨区面积约 $72.9×10^4 km^2$，占国土面积的 7.6%。东、中部地区由于煤炭消费过于集中，单位面积的大气污染物排放量均高于全国平均水平，空气污染问题也最为严重。同时随着机动车数量的日益增多，空气污染问题变得更加复杂，京津冀、长三角、珠三角等区域复合型空气污染严重。目前我国煤炭消费量占全球煤炭消费总量的50%，巨大的煤炭消费量导致我国二氧化硫、氮氧化物、大气汞排放量高居全球首位。

当前无节制、粗放型的能源开采方式还导致了严重的水资源耗费与生态破坏问题，表现为地下水系结构破坏、地面沉降、地表塌陷、植被破坏严重、水土流失加剧等，造成了巨大的环境损失。我国资源环境承载能力已经达到或接近上限，环境污染重、生态受损大、环境风险高等问题突出。要实现环境质量目标和节能减排目标，必须大力推动节能减排，大力发展节能产业。2016年3月发布的《"十三五"规划纲要》明确提出：到2020年单位GDP能源消耗比2015年降低15%，二氧化硫和氮氧化物比2015年下降15%。同时，2016年全面实施新的《环境空气质量标准》，对污染物减排和环境质量提出了更高要求。从未来发展趋势来看，2030年以前，我国工业化和城市化仍将加快发展，如果不采取严格的节能减排措施，随着经济总规模的增长，对能源、土地和原材料等自然资源的需求将进一步增加，污染物排放总量还有进一步增加的可能，我国将面临更大的环境压力。因此，节能是解决国内环境问题，实现"绿水青山就是金山银山"和"中国梦"的必然选择。

二、有助于缓解国内资源短缺

2009年，中国首次超过美国成为世界一次能源消费最多的国家，现已连续9年位居世界第一位。2016年中国一次能源消费量3053×10^6toe，占全球能源消费量的23.0%，比排名第二位的美国高出近6%，占全球能源消费增长的27.0%。中国石油对外依存度达68%，为历史最高值。今后一个时期我国一次能源消费量仍将保持高位，能源安全形势比较严峻，尤其是石油。因此大力推进节能工作，特别是节约石油和天然气是缓解我国能源紧张形势的必然选择和必由之路。

三、有助于提升中国国际影响力

2016年，中国二氧化碳排放总量达到91.23×10^8t，占世界排放总量的27.3%。2015年巴黎气候大会上，中国向国际社会承诺，将于2030年左右使二氧化碳排放达到峰值并争取尽早实现，2030年单位国内生产总值二氧化碳排放比2005年下降60%，非化石能源占一次能源消费比重达到20%左右。中国是遭受气候变化不利影响最为严重的国家之一。应对气候变化不仅是中国实现可持续发展的内在要求，也是深度参与全球治理、打造人类命运共同体、推动全人类共同发展的责任担当。习近平主席在巴黎气候大会开幕式上发表题为《携手构建合作共赢、公平合理的气候变化治理机制》的重要讲话，阐述中国对全球气候治理的看法和主张，重申了中国此前做出的承诺，中国将于2030年左右使二氧化碳排放达到峰值并争取尽早实现，2030年单位国内生产总值二氧化碳排放比2005年下降60%~65%，非化石能源占一次能源消费比重达到20%左右，森林蓄积量比2005年增加$45 \times 10^8 \mathrm{m}^3$左右。

第二章　能耗统计

第一节　能耗构成

　　能耗是指规定的体系在一段时间内能源消耗的数量，如设备（或装置）能耗、车间能耗、企业能耗。油气管道的能耗包括耗油、耗气、耗电和损耗。耗油设备主要包括加热炉、热媒炉、锅炉和发电机，用于加热管输原油、罐区伴热、混油处理、站区供电、采暖和生活用热水供应等。耗气设备主要包括燃气驱动压缩机、发电机和锅炉，用于天然气管道加压输送、站区供电、采暖和生活用热水供应等。耗电设备主要包括电驱压缩机、输油泵、燃驱压缩机辅助系统、加热炉锅炉辅助系统（空气压缩机、鼓风机、炉前泵、燃油系统、热水系统等）、空调、灯塔等。

　　实物能耗是指规定的耗能体系在一段时间内实际所消耗的各种能源实物量。综合能耗是指实物能耗按规定的计算方法和单位分别折算为一次能源后的总和。综合能耗是指统计报告期内，管道企业生产能耗、辅助能耗和损耗按规定的计算方法和单位分别折算为一次能源后的总和。根据综合能耗的构成性质建议分成生产能耗、辅助能耗、损耗三类，其中，生产能耗是指输油泵机组、加热炉及其配套系统、压缩机组及其配套系统消耗的能源量；辅助能耗是指除运行能源消耗量以外的能源消耗量，包括输油站和压气站生产能耗以外的能耗，以及分输站、计量站、清管站、阀室、保护站和办公场所等消耗的能源量；损耗是指标准参比条件下，在一定统计期内，油气管道输入量减去输出量、自用量和正常作业放空量。

一、天然气管道能耗

　　天然气管道能耗分为生产能耗、辅助能耗和天然气损耗，见表 2-1 所示。生产能耗包括燃驱压缩机组耗气及其配套系统耗电和电驱压缩机组耗电。辅助能耗包括天然气管道中除运行能源消耗量以外的能源消耗量，包括压气站生产能耗以外的能耗，以及分输站、计量站、清管站、阀室和办公场所等消耗的能源量。天然气损耗是天然气管道输入量和管存变化量之和与输出计量的差值，包括计量输差和放空等。

表2-1 天然气管道能耗

能耗类别	站场/阀室实物耗能
生产能耗	压气站压缩机组及辅助系统耗气、耗电； 计量/分输站仪表及阀门电动执行机构耗电,加热设施耗电、耗气或耗油,发电机耗油等； 阀室仪器仪表耗电、TEG 发电机耗气等
辅助能耗	站场办公、生活用气用电等
损耗	计量输差、放空等

二、原油管道能耗

原油管道能耗分为生产能耗、辅助能耗和原油损耗，见表2-2。生产能耗为输油泵机组、加热炉及其配套系统消耗的能源量。辅助能耗为除运行能源消耗量以外的能源消耗量，包括输油站生产能耗以外的能耗，以及分输站、计量站、清管站、阀室、保护站和办公场所等消耗的能源量。原油损耗为原油管道输入量和库存变化量之和与输出计量的差值，包括计量输差和跑冒滴漏、放空等。

表2-2 原油管道能耗

能耗类别	站场/阀室实物耗能
生产能耗	泵站/热泵站泵机组耗电、加热炉耗油/耗气； 加热站加热炉耗油/耗气； 站场锅炉耗油/耗气,站场仪器仪表耗电等
辅助能耗	站场办公、生活用气用电等
损耗	计量输差、跑冒滴漏等

三、成品油管道能耗

成品油管道能耗分为生产能耗、辅助能耗和成品油损耗，见表2-3。生产能耗为输油泵机组、加热炉及其配套系统消耗的能源量。辅助能耗为除运行能源消耗量以外的能源消耗量，包括输油站生产能耗以外的能耗，以及分输站、计量站、清管站、阀室、保护站和办公场所等消耗的能源量。成品油损耗为成品油管道输入量和库存变化量之和与输出计量的差值，包括计量输差和跑冒滴漏、放空等。

表 2-3　成品油管道能耗

能耗类别	站场/阀室实物耗能
生产能耗	泵站泵机组耗电； 站场锅炉耗油/耗电； 站场混油处理装置耗油； 站场仪表用气用电等
辅助能耗	站场办公、生活用气用电等
损耗	计量输差、跑冒滴漏等

第二节　能耗计算

一、能耗量计算

1. 生产能耗计算

生产能耗是指生产中的能源消耗量，在管道输送过程中主要包括输油站、压缩机组及其辅助系统消耗的能源量。管道通过输油泵站为原油、成品油管道提供压力能，压气站通过压缩机为天然气管道提供压力能。

（1）输油站生产能源消耗量计算公式如下：

$$E_{zs} = r_y E_{yl} + r_q E_{ql} + r_d (E_{db} + E_{dl}) \qquad (2-1)$$

式中　E_{zs}——输油站运行能源消耗量，tce；

$\quad\quad E_{yl}$——加热炉耗油量，t；

$\quad\quad E_{ql}$——加热炉耗气量，$10^4 m^3$；

$\quad\quad E_{db}$——输油泵机组耗电量，$10^4 kW \cdot h$；

$\quad\quad E_{dl}$——加热炉配套系统耗电量，$10^4 kW \cdot h$；

$\quad\quad r_y$——燃油折标准煤系数，tce/t；

$\quad\quad r_q$——天然气折标准煤系数，$tce/10^4 m^3$；

$\quad\quad r_d$——电折标准煤系数，$tce/(10^4 kW \cdot h)$。

（2）压气站生产能源消耗量计算公式如下：

$$E_{zs} = r_q E_{qr} + r_d (E_{dd} + E_{dr}) \tag{2-2}$$

式中　E_{zs}——压气站运行能源消耗量，tce；

　　　E_{qr}——燃驱压缩机组耗气量，$10^4 m^3$；

　　　E_{dd}——电驱压缩机组耗电量，$10^4 kW \cdot h$；

　　　E_{dr}——燃驱压缩机组配套系统耗电量，$10^4 kW \cdot h$。

（3）管道的生产能源消耗量计算公式如下：

$$E_s = \sum_{i=1}^{n} E_{zsi} \tag{2-3}$$

式中　E_s——管道运行能源消耗量，tce；

　　　E_{zsi}——第 i 个输油站/压气站运行能源消耗量，tce；

　　　n——输油站/压气站个数。

2. 辅助能耗计算

辅助能耗为除运行能源消耗量以外的能源消耗量，包括压气站生产能耗以外的能耗，以及分输站、计量站、清管站、阀室和办公场所等消耗的能源量等。

$$E_f = \sum_{i=1}^{n} E_{fi} \cdot r_i \tag{2-4}$$

式中　E_f——辅助生产能源消耗量，tce；

　　　E_{fi}——辅助生产消耗的第 i 种能源实物消耗量，t 或其他能源实物量单位；

　　　r_i——第 i 种能源折标准煤系数；

　　　n——辅助生产消耗能源的种类数。

3. 损耗计算

油气管道的损耗是指一段时间内的管道输入量和管存（库存）变化量之和与输出计量的差值，包括计量输差和放空，即管道一定时间范围内的有计量统计的管道输入、输出差与经过计算得出的管存变化量的总和。

输送损耗量计算见公式如下：

$$\Delta m_h = (m_a + m_{p1} + m_{s1}) - (m_b + m_{p2} + m_{s2}) - m_c - m_f \tag{2-5}$$

式中　Δm_h——输送损耗量，t 或 m^3；

　　　m_a——收油气量，t 或 m^3；

　　　m_{p1}——期初管存量，t 或 m^3；

　　　m_{s1}——储油气罐期初库存量，t 或 m^3；

m_b——销油气量，t 或 m³；

m_{p2}——期末管存量，t 或 m³；

m_{s2}——储油气罐期末库存量，t 或 m³；

m_c——自用量，t 或 m³；

m_f——正常作业放空量，t 或 m³。

注 1：输送损耗量计算结果，正表示损耗，负表示溢余。

注 2：对顺序输送的成品油管道，宜分品种、分牌号计算输送损耗量。混油按比例分割成纯油参与计算。

4. 综合能耗计算

综合能耗是指在一段时间内实际消耗的各种能源实物量按规定的计算方法和单位分别折算为一次能源后的总和。GB 2589—1990《综合能耗计算通则》中对于企业综合能耗的定义为企业综合能耗是在统计报告期内企业的主要生产系统、辅助生产系统和附属生产系统的综合能耗总和。

$$E_z = E_{zs} + E_f + \Delta m_h \qquad (2-6)$$

式中　E_z——综合能耗，tce；

　　　E_{zs}——压气站（储气库）生产能源消耗量，tce；

　　　E_f——辅助生产能源消耗量，tce。

二、周转量及单耗计算

周转量是将一定质量的原油、成品油或一定体积的天然气输送一定距离的量，单位为 $10^4 t \cdot km$ 或 $10^7 m^3 \cdot km$。

1. 周转量

$$Q = \sum_{i=1}^{n-1} \left[(G_{si} - G_{fi} - G_{hi}) \times L_{(i,i+1)} \right] \qquad (2-7)$$

式中　Q——周转量，$10^4 t \cdot km$ 或 $10^7 m^3 \cdot km$；

　　　G_{si}——站场 i 的注入量，$10^4 t$ 或 $10^7 m^3$；

　　　G_{fi}——站场 i 分输量，包括用户分输量、转供分输量和注入储备库量，$10^4 t$ 或 $10^7 m^3$；

　　　G_{hi}——站场 i 耗气（油）量，$10^4 t$ 或 $10^7 m^3$；

　　　$L_{(i,i+1)}$——站场 i 至站场 $i+1$ 管段的里程，km；

　　　n——站场个数。

2. 单位周转量生产能耗

$$M_{\mathrm{s}} = \frac{E_{\mathrm{s}}}{Q} \times 1000 \tag{2-8}$$

式中　M_{s}——单位周转量生产能耗，kgce/（10^4t·km）或 kgce/（10^7m³·km）。

3. 单位周转量综合能耗

$$M = M_{\mathrm{s}} + \frac{E_{\mathrm{f}} + rE_{\mathrm{sh}}}{Q} \times 1000 \tag{2-9}$$

式中　M——输油单位周转量综合能耗，kgce/（10^4t·km）；

　　　E_{sh}——损耗量，t 或 10^4m³；

　　　r——管输介质折标准煤系数，tce/t 或 tce/10^4m³。

三、节能量计算

按照中国石油天然气股份有限公司文件油气字（2007）第 60 号《关于下达 2007 年节能节水考核指标的通知》规定，从 2007 年起将计算年度节能量的方法由环比法改为设定基准值法。根据生产实际情况，油气管道能耗采用设计基准值法计算节能量时，其中生产能耗目标值、基准值的选取可按以下原则：一是满负荷运行或无加热加压设备的油气管线按定额选取，目标值等于基准值；二是有加热加压设备但运行未达到满负荷运行的管线，根据计划输量，应有不少于 5 个可行的运行方案，其中包括：应急状态下以保证安全为目的的运行方案，以安全平稳运行为主兼顾经济性的运行方案，目前一般技术水平条件下综合考虑安全平稳运行与经济性的运行方案，预期提高技术水平后综合考虑安全平稳运行与经济性的运行方案，以及较理想状态下可能达到的技术水平条件下综合考虑安全平稳运行与经济性的运行方案，各运行方案对应的直接能耗递增梯度不宜大于 4.4%。选取目前一般技术水平条件下，综合考虑安全平稳运行与经济性的运行方案所得出的生产能耗作为基准值，选取期期提高技术水平后，综合考虑安全平稳运行与经济性的运行方案所得出的生产能耗作为目标值。

1. 基准值法

节能量为报告期单位周转量综合能耗和单位周转量综合能耗基准值之差与报告期周转量的乘积，计算公式如下：

$$\Delta E = Q \cdot (M_{\mathrm{c}} - M_{\mathrm{b}}) \times 10^{-3} \tag{2-10}$$

式中　ΔE——节能量，tce；

　　　M_c——单位周转量综合能耗基准值，kgce/（10^4t·km）或

　　　　　　kgce/（10^7m³·km）；

　　　M_b——报告期单位周转量综合能耗，kgce/（10^4t·km）或

　　　　　　kgce/（10^7m³·km）。

2. 环比法

节能量为报告期单位周转量综合能耗和基期单位周转量综合能耗之差与报告期周转量的乘积，计算公式如下：

$$\Delta E = Q \cdot (M_j - M_b) \times 10^{-3} \tag{2-11}$$

式中　M_j——基期单位周转量综合能耗，kgce/（10^4t·km）或

　　　　　　kgce/（10^7m³·km）。

3. 技术措施计算方法

技术措施节能量是指企业在生产同样数量和质量的产品或提供同样的工作量的条件下，采用某项节能技术措施后所减少的能源消费量。它是评价技术描述项目节能效果的指标。具体的技术措施节能量的计算方法按照GB/T 13234 执行。

1）单项技术措施节能量

单项技术措施节能量按式（2-12）计算：

$$\Delta E_{ti} = (e_{th} - e_{tq}) P_{th} \tag{2-12}$$

式中　ΔE_{ti}——某项技术措施节能量，tce；

　　　e_{th}——某种工艺或设备实施某项技术措施后其产品的单位产品能源消耗量，tce；

　　　e_{tq}——某种工艺或设备实施某项技术措施前其产品的单位产品能源消耗量，tce；

　　　P_{th}——某种工艺或设备实施某项技术措施后其产品产量，t。

2）多项技术措施节能量

多项技术措施节能量按式（2-13）计算：

$$\Delta E_t = \sum_{i=1}^{m} E_{ti} \tag{2-13}$$

式中　ΔE_t——多项技术措施节能量，tce；

　　　m——企业技术措施项目数。

第三节　常用统计方法

一、折算系数法

折算系数法是将各种能源按照平均低位发热量统一折算至标准煤的一种方法。为了便于对比和分析，需要把各种能源折算成标准燃料量，折算系数见表2-4。将低位发热量为29307kJ（7000kcal）的燃料，称为1千克标准煤（1kgce），常用单位有吨标准煤（tce）、千克标准煤（kgce）。

表 2-4　常用能源折算标准煤系数

能源名称	平均低位发热量	折标准煤系数
原煤	20934kJ/kg	0.7143kgce/kg
焦炭	28470kJ/kg	0.9714kgce/kg
原油	41868kJ/kg	1.4286kgce/kg
汽油	43124kJ/kg	1.4714kgce/kg
煤油	43124kJ/kg	1.4714kgce/kg
柴油	42705kJ/kg	1.4571kgce/kg
重油	41868kJ/kg	1.4286（kgce/kg
天然气	32238~38979kJ/kg	1.1~1.33kgce/m^3
电力（当量）	3600kJ/（kW·h）	0.1229kgce/（kW·h）
电力（等价）	—	当年发电标准煤耗

注：2016年6000kW及以上电厂供电标准煤耗315gce/（kW·h）。

二、其他统计方法

1. 环比统计法

环比统计法是指将一定的统计周期内的统计结果与上一个等量统计周期内的统计结果进行对比，其结果表明了两个等量统计周期的统计结果的变化情况。

统计领域中节能量常采用环比法计算，即用能单位统计报告期内按比较基准值计算的能源消耗总量与实际消耗量的差值。目前的体系中认为基期输气管道生产综合能耗与报告期输气管道生产综合能耗之差为正值则认为报告期管道运行是节能的，为负值则为不节能。

2. 同比统计法

同比统计法是指将一个统计周期内的统计结果与一段固定间隔时间的等量统计周期内的统计结果进行对比，其结果表明了两个等量统计周期的统计结果在一段固定时间间隔前后的变化情况。

第三章　能耗数据采集

第一节　数据采集范围

　　油气长输管道需要多种设备协同运行才能保证油气的正常输送，所有设备均有不同程度的能量消耗，为了计算、管理和优化管道能耗，这些设备的能耗数据都是需要采集的，能够采集的能耗数据越多，整条管道和整个管网的能耗计算分析就会越准确，能耗优化也更具有针对性。

　　油气长输管道主要的耗能设备为增压设备，天然气长输管道中主要是压缩机；在原油和成品油长输管道中主要是泵。这两种设备所消耗的能量占据管道总能耗的绝大多数，因此泵与压缩机的能耗数据采集是长输管道能耗数据采集的重点。此外还有大量的生产辅助设备，这些设备虽然单体耗能无法与泵和压缩机相提并论，但是数量基数大，能耗数据采集的工作量也大。还有一些属于站场生活保障类的设备设施，例如采暖、做饭、生活热水使用的锅炉和加热器等设备，这些设备设施的能耗也要做好统计，如果不注意节约使用，也会造成巨大浪费。

　　根据综合能耗来源不同，可以将能耗数据采集范围分为三种，即运行设备产生的能耗、辅助设备产生的能耗和损耗。运行设备能耗采集范围包括加热炉耗油（气）、输油泵耗电、压缩机组能耗、加热炉配套系统耗电；辅助能耗采集范围包括输油站、压气站运行能耗以外的能耗，以及分输站、计量站、清管站、阀室和生活区等的能耗；损耗包括计量输差、生产维检修作业损耗和天然气放空。从能源形式上，天然气长输管道、原油长输管道和成品油长输管道的能耗采集范围主要包括耗油、耗气和损耗。

　　耗油多见于原油和成品油长输管道，耗油的设备主要包括加热炉、热煤炉、发电机和锅炉，主要用于加热管输的原油、罐区的伴热、混油处理、站区供电、采暖和生活用热水等方面。耗气多见于天然气长输管道，耗气设备主要包括燃气驱动压缩机、发电机和锅炉，主要用于管输天然气的加压输送、站区供电、采暖、做饭和生活用热水等方面。耗电设备主要包括电驱的压缩机组、输油泵、燃驱压缩机组的辅助系统（启动电机、润滑油泵、空气压缩机、冷却风扇等)、加热锅炉辅助系统(空气压缩机、鼓风机、炉前泵、燃油系统、热水系统等)、空调、灯塔等。因此可见,原油、成品油和天然气长输管道的能耗来源广泛,涉及的设备众多,消耗能源的形式也有原油、天然气和电力三种,因此,能耗数据的采集量非常大,范围也很广泛。

根据 GB 2589——2008《综合能耗计算通则》,其中对于企业综合能耗的定义为:在统计报告期内,企业的主要生产系统、辅助生产系统和附属生产系统的综合能耗总和。能源及耗能工质在企业内部储存、转换及分配供应(包括外销)中的损耗,也应计入企业综合能耗。对于油气长输管道,一般认为"管道输送企业生产综合能耗"不仅包括油气管道压缩机的耗气/耗电、加热炉耗能、输油泵耗电,还包括油气损耗以及辅助生产系统、附属设施、维检修作业等过程中实际消耗的各种能源,这与国标规定是一致的。在长输管道实际生产过程中,管道输量的变化对直接用于油气输送的油气输送设备,例如泵和压缩机的能耗,对油气损耗和附属生产系统和辅助设施的耗能影响远不及生产输送设备明显,因此运行能耗与辅助能耗应区别对待。

一、原油管道数据采集范围

原油管道的主要耗能设备为泵,原油增压泵都为电力驱动,电力直接由地方电力部门提供,泵机组耗电是整条管道能耗的重要组成部分,因此泵机组耗电是能耗数据采集的重点对象。我国原油管道输送的原油多为"高黏度、高凝点、高含蜡"的"三高"原油,常采用加热方式输送,因此加热炉的能耗也占管道整体能耗相当大的比重,站场的加热设备一般有直接加热炉、热媒炉和锅炉等,这些加热设备一般使用管输原油作为燃料,加热设备的耗油也是能耗数据采集的重点对象。此外需要采集的能耗数据还有生产辅助设备,如采暖炉、罐区保温的耗油,加热炉和锅炉的辅助系统(空气压缩机、鼓风机、炉前泵等)的耗电,以及站场照明、空调等生活用电。

原油管道生产设备众多,可以说,所有设备的运行都要消耗能源,分门别类地统计所有设备的能耗情况,有利于原油管道的能耗统计,便于整体把握管道的综合能耗情况,抓住能耗的关键问题,集中精力做好原油管道的能耗优化。下面按照能耗的构成性质,即运行能耗、辅助能耗和损耗列出常见的需要进行能耗数据采集的设备。

1.运行能耗数据采集范围

(1)原油管道的输油泵,包括定速泵和调速泵的耗电。

(2)原油管道的加热炉的耗油。

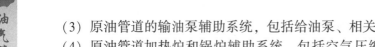

（3）原油管道的输油泵辅助系统，包括给油泵、相关阀门的耗电。

（4）原油管道加热炉和锅炉辅助系统，包括空气压缩机、鼓风机、炉前泵等设备的耗电。

（5）原油管道罐区保温系统、加热换热系统、调压系统、阀门阀组执行机构等设备的耗电。

（6）原油管道站场站控系统计算机、通信设备、自动控制系统、阴保系统、流量计算机、调压控制器等设备的耗电。

2.辅助能耗数据采集范围

原油管道站场生活用气、净水系统、取暖系统、照明、空调等设备的能耗。

3.损耗数据采集范围

（1）原油管道的计量输差。

（2）原油管道由于维检修作业造成的原油损耗。

（3）原油管道由于应急情况、管道泄漏或打孔盗油等损失的油品数量。

原油管道数据采集范围详细情况见表3-1。

表3-1　原油管道数据采集表

序号	能耗数据	运行能耗	辅助能耗	损耗
1	输油泵耗电	√		
2	加热炉耗油	√		
3	输油泵辅助系统耗电	√		
4	加热炉辅助系统耗电	√		
5	罐区保温、加热、调压等系统耗电	√		
6	站场自控和通信系统及仪表耗电	√		
7	站场生活设施耗气和耗电		√	
8	计量输差			√
9	维检修作业等计划原油损耗			√
10	应急情况原油损耗			√

二、成品油管道数据采集范围

成品油管道的主要耗能设备为输油泵，有工频泵和变频泵，也都采用电力方式运行，由地方电力部门供电，输油泵的耗电是成品油管道的主要能耗采集对象。成品油管道混油处理需要加热设备，加热炉一般采用柴油作为燃料，混油处理量与加热炉耗油无规律可循，主要与加热炉效率相关，加热炉的耗油量也是能耗数据采集的对象。此外需要采集加热炉辅助系统的能耗，成品油管道输送不需要加热，加热炉都用于混油处理，设备数量少，运行时间短，辅助系统能耗较少，根据实际耗电量情况，可划为站场辅助能耗进行采集。站场照明、空调等生活用电和耗能都需要进行数据采集。下面按照能耗的构成性质，即运行能耗、辅助能耗和损耗列出成品油管道常见的需要进行能耗数据采集的设备。

1. 运行能耗数据采集范围

（1）成品油管道的输油泵，包括定速泵和调速泵的耗电。

（2）成品油管道混油处理加热炉的耗油。

（3）成品油管道输油泵辅助系统，包括给油泵、相关阀门的耗电。

（4）成品油管道调压系统、阀门发组执行机构等设备的耗电。

（5）成品油管道站场站控系统计算机、通信设备、自动控制系统、阴保系统、流量计算机、调压控制器等设备的耗电。

2. 辅助能耗数据采集范围

成品油管道站场生活用气、净水系统、取暖系统、照明、空调等设备的能耗。

3. 损耗数据采集范围

（1）成品油管道的计量输差。

（2）成品油管道由于维检修作业造成的油气损耗。

（3）成品油管道由于应急情况、管道泄漏或打孔盗油等损失的油品数量。

成品油管道数据采集范围详细情况见表3-2。

表 3-2 成品油管道数据采集表

序号	能耗数据	运行能耗	辅助能耗	损耗
1	输油泵耗电	√		
2	加热炉耗油	√		
3	输油泵辅助系统耗电	√		
4	加热炉辅助系统耗电	√		
5	罐区保温、加热、调压等系统耗电	√		
6	站场自控和通信系统及仪表耗电	√		
7	站场生活设施耗气和耗电		√	
8	计量输差			√
9	维检修作业等计划成品油损耗			√
10	应急情况成品油损耗			√

三、天然气管道数据采集范围

天然气管道的主要耗能设备为压缩机，分为燃驱机组和电驱机组。燃驱机组使用天然气作为燃料来源，直接从输气干线引出天然气至压缩机组的燃料气橇，驱动压缩机组运行。电驱机组使用电力驱动，一般地区采用地方电力部门供电，电力驱动电机带动压缩机运转。燃驱机组的耗气和电驱机组的耗电是天然气长输管道能耗数据采集的主要对象。天然气在一些分输站场需要加热，防止截流后温度过低导致冰堵，加热器一般采用电加热，加热器耗电需要进行采集。天然气压气站的压缩机辅助设备能耗也是管道能耗的组成部分，尤其是燃气机组，辅助系统设备复杂，能耗也相对较高，燃驱机组的辅助系统包括燃料气供应系统、通风系统、压缩空气系统、空冷器系统、火灾和可燃气体检测报警系统、消防系统、排污系统、排污与放空系统、供配电系统、阴保系统等。电驱机组的辅助系统包括压缩机工艺系统、供电系统（10kV、0.4kV、直流、UPS等）、外部循环水冷却系统、润滑油系统、仪表风系统、站场控制系统等，这些设备的能耗均应纳入能耗数据采集的范围。站场通信和自控系统设备耗电、照明、空调等生活设施用电、做饭、采暖等生活用气也都是能耗采集数据的范围。下面按照能耗的构成性质，即运行能耗、辅助能耗和损耗列出天然气管道常见的需要进行能耗数据采集的设备。

1. 运行能耗数据采集范围

（1）天然气管道的压缩机，包括燃驱机组的耗气和电驱机组的耗电。

（2）天然气管道燃驱机组辅助系统，包括燃料气供应系统、通风系统、压缩空气系统、空冷器系统、火灾和可燃气体检测报警系统、消防系统、排污系统、排污与放空系统、供配电系统、阴保系统等设备的耗电。

（3）天然气管道电驱机组辅助系统，包括压缩机工艺系统、供电系统（10kV、0.4kV、直流、UPS等）、外部循环水冷却系统、润滑油系统、仪表风系统、站场控制系统等设备的耗电。

（4）天然气管道加热炉、阀门执行机构等设备的耗电。

（5）天然气管道站场站控系统计算机、通信设备、自动控制系统、阴保系统、流量计算机、调压控制器、气体分析仪等设备的耗电。

2. 辅助能耗数据采集范围

天然气管道站场生活用气、净水系统、取暖系统、照明、空调等设备的能耗。

3. 损耗数据采集范围

（1）天然气管道的计量输差。

（2）天然气管道由于维检修作业造成的油气损耗。

（3）天然气管道由于维检修作业、应急情况或管道泄漏等造成天然气放空的气量。

天然气管道数据采集范围详细情况见表3-3。

表3-3　天然气管道数据采集表

序号	能耗数据	运行能耗	辅助能耗	损耗
1	电驱压缩机组耗电	√		
2	燃驱压缩机组耗气	√		
3	电驱压缩机组辅助系统耗电	√		
4	燃驱压缩机组辅助系统耗电	√		
5	站场自控和通信系统及仪表耗电	√		
6	站场生活设施耗气和耗电		√	
7	计量输差			√
8	维检修作业等计划天然气放空损耗			√
9	应急情况天然气放空损耗			√

以上的采集的能耗数据都为单体设备的直接能耗数据，反映了单体设备的能量消耗。然而单体设备的能量消耗以及累加起来的管道的总能量消耗并不能全面反映管道整体能耗利用效率，油气管道的任务就是输送介质，管道输量的大小直接决定了管道的整体能耗，尤其与运行能耗总量关系最为紧密，可以说，管道输量大，运行能耗就大，反之亦然。因此，对于油气输送管道，一般采用"单位周转量能耗"或称为"周转量综合能耗"来衡量管道综合能耗利用效率，"单位周转量能耗"也是目前能耗数据统计分析中普遍采用的重要指标。由此，能耗数据采集范围不能局限于单体设备的耗能，还要扩大至油气管道的输量。

原油管道一般在首站设立交接计量装置，计量数据在商业上作为贸易交接凭证，在生产上可以计量管道输量。采集首站流量数据作为能耗相关数据，为计算"单位周转量能耗"提供管输流量的数据。

成品油管道一般在注入站和下载点进行计量交接。注入站是长输管道注入成品油的源头，炼厂将成品油注入管道时计量油品输量，将同一时期所有批次的成品油计量数据综合起来，就能够得到管道的输量。管道下载点是管道输送的出口和末端，管道将油品输送至客户或者油库时进行交接计量，掌握下载点的计量数据，也能够得到整条管道的输量。因此成品油管道注入站和下载点的计量数据也要作为能耗相关数据进行采集。

天然气管道的流量计量要复杂一些，当前天然气管道已经连成网络，天然气管网有多个进气气源，不仅有气田进气，还包括国外管道进气、储气库采气和 LNG 接收站进气等，出口更是多达几百个，天然气进入管网后，气体流向也非单一固定。最简单有效了解天然气管网输量的办法就是采集各气源的进气数据。此外，单条管道之间大多有流量计量装置，采集这些数据作为能耗相关数据也便于掌握各单条管道的输量情况，进而计算单条管道的"单位周转量能耗"。

在整个油气管道能耗管理和分析工作中，还需要了解单体设备的工作效率，尤其是泵与压缩机这种贡献绝大部分运行能耗的单体设备的运行效率，这样在能耗优化分析时才能进行更有针对性的改进。油气管道上运行的泵与压缩机设备多为离心式增压设备，在数据采集时需要知道离心式增压设备的工作点位置，是否处于高效运转区间。还有压缩机的进口和出口压力，计算得到压缩机的压比，如果要更全面了解压缩机运行状态，还要对设备运行的外部环境参数进行采集，如工作环境温度、气压和海拔等信息。

第二节　计量器具配备

一、用能组织的划分

依据 GB 17167—2016《用能单位能源计量器具配备和管理通则》和 GB/T 20901—2007《石油石化行业能源计量器具配备和管理要求》中用能组织的定义，根据中国石油天然气集团有限公司（以下简称集团公司）生产经营特点，用能组织分为用能单位、次级用能单位、基本用能单元（或独立用能设备）。其中，用能单位是指具有独立法人地位的企业或具有独立核算能力的地区公司；次级用能单位是指用能单位所属的能源核算单位，在用能单位和基本用能单元之间可以有一级、二级、三级和次级用能单位，也可以没有次级用能单位；基本用能单元是指次级用能单位所属的可单独进行能源计量考核的装置、系统、工序、工段、站队等，或集中管理同类用能设备的车间、工间等，例如锅炉房、机泵房。Q/SY 1212—2009《能源计量器具配备规范》规定管道输送业务基本用能单元为输油站、加热站、泵站、压气站、分输站、清管站、减压站、储气库、混油处理装置等。

根据管道运输企业的特点，管道沿线每个站场（输油站、加热站、泵站、压气站、分输站、清管站、减压站、储气库等）都是独立的能耗计量、核算单位，每个单位所消耗的一级能耗数据均进入管道企业的核算体系，按照上述定义，每个站队既代表用能单位又充当次级用能单位和基本用能单元的角色。在消耗量的计算中，所有购入能源、资源和载能工质（电、天然气、汽柴油、水及蒸汽等）及作为燃料的自用能源（原油、天然气及成品油）均作为一级能源参与总能源消耗计算，是企业总消耗量的一部分。独立用能设备是指不能纳入基本用能单元管理的，并且按照 GB/T 20901—2007《石油石化行业能源计量器具配备和管理要求》规定能源消耗达到表 3-4 限定值的主要用能设备。

表 3-4　主要用能设备能源消耗量（或功率）限定值

原油、成品油、液化石油气，t/h	重油/渣油，t/h	煤气/天然气，m³/h	蒸汽/热水，MW	水，t/h	其他，GJ/h
0.5	0.5	100	7	1	29.26

二、计量器具的配备要求

油气管道输送系统的能源计量器具主要有加热设备配备的燃料油流量计或燃料气流量计，电动机配备的电能表，水泵配备的水表。输入输出各级用能组织（用能单位、次级用能单位、基本用能单元及主要用能设备）的能源、资源及载能工质，包括各级用能组织消耗、流转的能源、资源和载能工质应按照规定配备和使用经依法检定合格的计量器具。此外，为了实现能源的分级计量、单独核算及成本分析，按照集团公司的相关要求，主要耗能设备应单机计量，具体见能源计量器具配备率要求的第三条。

1. 能源计量器具配备率

1）配备率的定义

能源计量器具配备率是指能源计量器具实际安装配备数量占理论需要数量的比例。其计算公式为：

$$R_p = \frac{N_s}{N_l} \times 100\%$$

式中　R_p——能源计量器具配备率，%；

　　　N_s——能源计量器具实际配备数量；

　　　N_l——能源计量器具理论需要数量。

2）配备率取值范围

（1）能源计量器具实际配备数量指现场已配备安装，技术指标达到配备率要求，且检定/校准符合要求的计量器具数量。

（2）能源计量器具理论需要配备数量是指某一用能组织范围内，能源、资源实现全部计量时所需配备的计量器具数量。

（3）确定理论需要配备数量时，应将各用能设备划入基本用能单元（或列为独立用能设备），明确计量器具承担的计量功能，当计量器具承担多级计量功能时，应分别计入各级用能组织理论需要配备数量。

（4）用于计量事故应急等临时用能的计量器具不计入计量器具理论需要配备数量。

（5）同一计量器具计量多种能源时（如衡器），该计量器具应分别计入每种能源的计量器具理论需要配备数量。

（6）各级用能组织用于监督核查的能源计量器具不计入计量器具理论需要配备数量。

（7）由多个计量器具组合在一起得到一个测量结果时，应按照一套计量器具统计。

3）配备率要求

由于每个站队既代表用能单位又充当次级用能单位和基本用能单元的角色，在消耗量的计算中，所有购入能源、资源和载能工质（电、天然气、汽柴油、水及蒸汽等）及作为燃料的自用能源（原油、天然气及成品油）均作为一级能源参与企业总能源消耗计算，是企业总消耗量的一部分，其各级计量率为100%；参与用能单位总能耗量计算的主要用能设备其计量率为100%，不参与用能单位总能耗量计算的主要用能设备其计量率应达90%以上。

能源计量器具的配备应实现能源分级分项统计和核算的要求，代表所属单位消耗总量的各种能源、资源及载能工质（外购、自用、转供）需配备计量器具，其配备率应达100%。代表所属单位消耗总量的各种能源、资源及载能工质（外购、自用、转供）计量率应达100%，保证企业能源消耗统计数据的准确性、完整性及可追溯性。输油泵、压缩机及加热炉、热媒炉、锅炉（含4t及以上）作为企业的主要耗能设备应配备单机计量装置，对于功率较小的加热设备（4t以下锅炉）应以区域为单元配备合格的能源消耗计量器具。

2. 能源计量仪表精度要求

（1）燃料油消耗计量仪表的精度等级应不低于0.5级。

（2）天然气消耗量计量仪表配置要求：

① 消耗量大、流量高（$q_n \geqslant 500\text{m}^3/\text{h}$）的天然气计量仪表其精度等级应

不低于 1.5 级，q_n 为天然气计量站计量系统设计通过能力（标准参比条件下）；

② 消耗量小、流量低（$q_n<500m^3/h$）的天然气计量仪表其精度等级应不低于 2 级；

（3）外购电的计量装置由电力部门配备、管理；内部电力分级计量的仪表按 GB 17167—2006 和 GB/T 20901—2007 要求配备合格的计量装置，其精度不低于 2.0 级；

（4）外购水源的计量装置由供方按 GB 17167—2006 和 GB/T 20901—2007 要求配备、管理，自备水源的计量装置精度等级不低于 2.5 级；

（5）外购蒸汽的流量计量器具由供方按 GB/T 20901—2007 要求配备、管理，内部自产蒸汽的计量器具精度等级不低于 2.5 级。

第三节　数据采集方式

油气管道设备数据采集有多种方式，如现场一次表数据显示、生产数据远程传输和现场就地人工测量等。在油气管道上安装了许多可以就地读数的一次仪表，如压力表和温度计等，压力和温度等参数直接在仪表的表盘或显示屏上显示，获取这些仪表的读数需要人工到现场读取。远传的生产数据是通过 SCADA 系统将生产数据直接上传至站控系统和调控中心计算机，可以在存储历史数据中查看数据。现场就地测量是指一些需要人工到现场进行数据测量，如在没有安装气体分析仪的站场，通过手持式水露点测量仪测量管道天然气的水露点，测试压缩机效率时，需要自带流量计测量压缩机的进出口输气量。管道能耗数据基本采用以上三种方式获取。但随着油气管道自动化程度的不断提高，目前数据远传的方式已经成为获取生产数据的主流方式。

一、采集方法

1. 就地采集

许多设备的能耗数据需要现场读数采集，如一次表的压力、温度等数据。此外一些燃料气流量计、泵的耗电、加热炉耗油等能耗数据也能通过就地的流量计算机和机组控制系统直接读出。就地采集能耗数据的优点在于获取直接，不用额外投入数据传输设备，但是数据需要人工读数，历史数据也要通过人工录入计算机，过程烦琐，中间环节也容易出错，导致数据填写错误。除非特殊原因，一般能耗数据都通过信号变送器直接上传至调控中心，不需要人为干预。

2. 远程采集

数据远程采集主要由 SCADA 系统完成。油气管道 SCADA 系统由中控系统、站控系统、阀室 RTU 及通信系统组成，集团公司在北京和廊坊分别设置了主调控中心和备用调控中心，主、备控中心配置了相同的数据采集系统，直接与管道站场 PLC、RCI 或 RTU 通信，进行数据采集与控制。数据通过传输网与调控中心进行传输，中国石油管道通信传输网是中国石油的干线通信网，该通信网络以光通信为主，卫星通信为辅，采用公网通信作为补充。不仅是能耗数据，还有调度电话、工业电视、管道安全监控等管道生产数据也采用这个网络进行传输。

站控系统由站控计算机、控制器（PLC 或 RTU）、通信服务器（RCI）、网络系统和现场仪表及第三方智能设备组成。输油气站场内的各种工艺设备，包括泵、压缩机和加热炉等设备的工艺参数的采集、监视、控制、保护等全部由站控系统完成。站控制系统（SCS）作为管道 SCADA 系统的现场控制单元，再将数据和有关信息传送给主备调控中心。原油成品油管道站控系统则直接通过控制器（PLC 或 RTU）与中控系统进行数据交换。天然气管道站控系统通过通信服务器或控制器与中控系统进行数据交换。

RTU 阀室控制系统由控制器（RTU）、现场仪表和通信设备组成，实现对阀室相关工艺参数和线路截断阀等设备及各系统状态的数据采集，同时将数据传送给调控中心。监视阀室只采集数据，不能控制设备，通过上下游站控网络向调控中心传输数据。油气管网信息通信系统物理结构如图 3-1 所示。

SCADA 系统各设备之间的数据交换采用统一、规范的通信协议，中控系统与站控系统 PLC 或者 RTU 之间通信，采用基于 TCP/IP 的 Modbus 或者 CIP 通信协议。中控系统与站控系统通信服务器（RCI）之间通信采用 IEC60870-5-104 通信协议。SCADA 采集上来的能耗数据可以在监控画面中实时显示，数据同时会存入数据库，根据需求随时查询调用。

3. 损耗数据采集

天然气管道或设备进行维检修作业，例如干线管道更换管段、站内更换阀门等，都需要对管道内天然气进行放空，该部分放空气量是天然气管道损耗气量的主要组成部分。管道放空一般都伴随管道作业进行，天然气通过站场或与管段相邻阀室放空管进行放空，放空流程不设流量计专门计量，因此

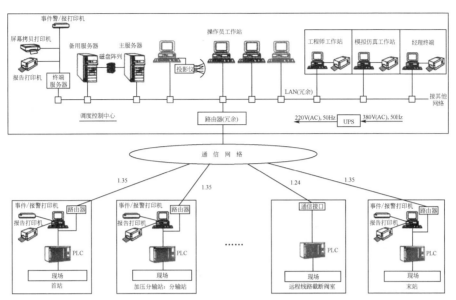

图 3-1　油气管网信息通信系统物理结构

天然气放空量数据并不能够通过常规数据采集方式获取。由于放空气量与管段放空前后压力存在严格对应关系，一般情况下采取以下公式计算管段天然气放空气量：

$$pV = nZRT$$

式中　p——气体压力，Pa；

　　　V——气体体积，m³；

　　　n——气体的物质的量，mol；

　　　Z——气体压缩因子；

　　　R——比例常数，J/（mol·K）；

　　　T——气体温度，K。

　　采集放空管段放空前后压力数据，根据可压缩气体状态方程，就可以计算出放空天然气量。

二、数据处理

　　所有现场采集的单体设备能耗数据，最终都要上传至调控中心，这些数据构成了能耗分析的基础。在这些数据的基础上，根据能耗管理的具体要求，能够开发相应的数据管理平台。在这些应用平台里，集中采集上来的能耗数据才能发挥应有的价值。

现场能耗数据上传至调控中心，需要经过传感器物理量转换、传感器信号电缆、数模信号转换、网络传输等步骤，每一个步骤发生错误都会导致上传数据异常。北京油气调控中心集中调控管道数量众多，能耗采集的数据体量庞大、类型复杂，大量复杂数据集中上传，容易出现错误数据，一般需要建立独立的公共数据库处理数据。各平台的不同功能模块只与数据库交换数据，可以降低系统的复杂程度，利于后期维护和再开发。各管道地区公司为了管理自身能耗，也有读取能耗数据的需求，在数据库中提供公共的对外数据接口，可以充分满足管道地区公司的需求。

调控中心在日常生产运行中常用的管道生产系统（PPS）就应用到了管道能耗数据。PPS系统不仅有后台数据库可以存储数据，站场人员也可以登录系统，与调控中心共享数据。每日地区公司通过PPS填报窗口填报上日各油气站场和机组的耗油、耗电和耗气的数据，PPS系统会自动归类统计各管道的能耗和各地区公司总的能耗，可以根据分类报表开展相应的统计分析，在每一个月度还需要统计某一管道地区公司的能耗月报，在月报中能够了解节能节水和耗能情况。

为了更好地利用能耗数据，可以搭建能耗数据处理支撑平台。节能优化平台的实现必须依赖于管道的实际数据，如果没有这些数据，即使有算法和实现方法，脱离实际生产数据，计算结果也无法做到真正的优化。能耗数据处理支撑平台的核心功能为数据稳健性处理、数据交换接口、能耗数据库和公共临时数据库。平台搭建后，可以实现能耗数据的稳健性处理，并获得稳定可靠的实时能耗数据。

在能耗数据的基础上，可以搭建油气管网能耗预测系统。能耗预测是优化运行的前提，一般优化方案都采用能耗作为优化指标，从多种运行方案中选择能耗最低的方案作为最优运行方案。目前北京油气调控中心使用SPS等模拟仿真软件进行能耗预测，但是存在预测精度不足的问题，在现有软硬件基础上，结合现场采集的能耗数据，建设油气管道能耗预测系统，可以进一步提高能耗预测的精度。管道的能耗与输量有关，一般情况下，输量增加管道能耗也随之增加，但输量达到某一特定值时，必须采取新的压缩机组运行方案，单独依靠调整机组负荷已经无法满足特定输量要求。针对某一输量要求，也对应有多种压缩机组运行方案，油气管网能耗预测系统可以寻找出能耗最低的压缩机组运行方案。

第四章　能耗预测方法

第一节　预测方法概述

输油气管道综合能耗通常是指在统计报告期内，管道企业运行能源消耗量、辅助能源消耗量和损耗量按照规定的计算方法和单位分别折算后的总和。从各种类型能耗量占总能耗量比例上看，虽然油气管道输送介质不同，但运行能耗始终是总能耗中占比最大的部分。以东北原油管网为例，耗油/气量和耗电量占总能耗的90%以上。输油气管线能耗测算的重点就在于对运行中耗油、耗气和耗电的测算。

影响油气管道运行能耗的因素众多，主要归结为以下三个方面：输送工艺、站场设备和能耗管理。输送工艺方面包括介质物性参数、管道物理参数、管道沿线环境参数和管道运行工况参数四大类。其中，介质物性参数包括原油密度、比热容、凝点、黏温曲线、天然气组分及其组成百分比、成品油密度、比热容等；管道物理参数包括管径、壁厚、高程、里程、最高承压和摩阻系数等；管道沿线环境参数包括土壤四季不同地温、传热半径和土壤导热系数等；管道运行工况参数包括输量、压力和进出站温度。站场设备方面主要指输油泵机组参数、加热炉参数和压缩机组参数。其中，输油泵机组参数包括泵类型、性能曲线、功率、效率、开机/停机时间、额定转速、额定排量、连接方式等；加热炉参数包括额定负荷和效率；压气站压缩机组参数包括压缩机类型、性能曲线、功率、温升比率、开机/停机时间、驱动方式、最低进口压力、额定转速、连接方式等。能耗管理方面主要是指能耗指标划拨后的考核情况以及运行方案制订后一线员工的执行力和积极性等因素对油气管道实际运行能耗的影响。实际生产中，完成同样的输送任务、执行同样的运行方案，不同人员实施下来的耗能情况可能有很大差别，这是因为目前针对油气管道能耗的分析和评价主要还是借助于调度和能源管理人员的工作经验，效率低、可靠性也不高。以原油管道为例，图4-1表明影响因素分类情况。此外，对于东北原油管网的调研表明，在能耗指标下发，生产数据上传，动火、清管及内检测等作业的提温范围和节能奖励等方面确实存在制约能耗降耗的因素，这些因素对原油管道能耗测算结果有重要影响，目前还无法量化。

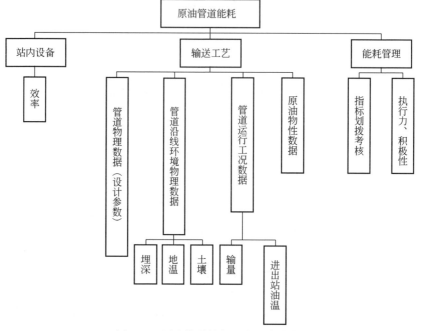

图4-1 原油管道能耗影响因素分类

输送介质不同，影响管道能耗的主要因素也不尽相同。对于原油管道来说，影响热力消耗的主要因素包括输送工艺方面的输油量、出站温度和管道总传热系数以及站场设备方面的加热炉效率。规定进站油温为一定值，假设其他参数不变，如果输油量增加，出站油温变小，管路的热损失就减少了，加热炉的燃料消耗量也会下降。提高出站油温时，管路的散热量将会增加，增加的能耗用于管路周围土壤的蓄热以建立新的稳定温度场。随着季节的变化，管道埋深处的自然地温将发生变化，使管道的总传热系数也发生变化，从而导致管输能耗发生变化；核算其总传热系数时，随着凝油层和结蜡层厚度的增加，管壁的热阻变大，总传热系数将会降低，管路的热损失就会减少，相应地管输能耗就下降，但不是结蜡厚度越大越好，当蜡层厚度超过一定值时，管道总的综合能耗反而呈上升趋势，这也是总传热系数计算困难之处。影响电动力消耗的主要因素包括输油量、运行压力和泵效率。输油泵的耗电量与运行压力（出站压力）成正比、与输油量成正比，输油泵所消耗的功率与泵效成反比。

油气管道能耗测算的困难之处主要在于运行能耗测算，原因主要包括以下四个方面：

（1）影响因素众多，作用关系复杂。

如上所述，影响油气管道运行能耗测算的因素众多，涉及管输运行的各个方面。这些因素与管道能耗的作用关系十分复杂，其中大部分因素可以量化，且变化方向与能耗量变化呈现一定的规律，例如站场设备参数和输量；一些因素虽然可以量化，但与能耗量有着复杂的非线性关系，这层关系甚至不具备数学表达式，例如介质组分和低温；还有一些因素本身就无法量化，但对管道运行能耗有着重要的影响，例如能耗管理方面因素。如果我们忽略了其中某些复杂因素，可能使得研究对象与生产实际先天就存在着差别。

（2）关键综合参数确定困难。

有些因素定性的影响是明确的，但真正实现准确定量计算却非常困难，以原油管道能耗测算中总传热系数为例说明。传热过程计算中，将原油与凝油层、凝油层与结蜡层、结蜡层与管壁以及管壁与土壤间复杂的传热过程用一个综合的参数——总传热系数表征。该项综合参数主要受地温、凝油层和结蜡层厚度与分布影响，而这些参数缺少直接测量手段，只能用平均值代替参与正计算，或者通过历史运行数据反算，而历史运行数据的稳定性和准确性都可能存在偏差。所以，诸如总传热系数等关键综合参数值的确定是十分困难的。

（3）实际输送过程是瞬态变化的。

油气管道输送过程是一个不断变化着的瞬态过程，各种参数都是时刻变化着的，例如输油泵、加热炉和压缩机组的效率等。已有的计算工具或公式大部分都是基于稳态工况表示，这就决定着所有测算出的能耗与实际消耗量有着一定出入。目前，可以通过人工修正的方式减小部分出入，但修正的效率低、可靠性差。只有油气管道瞬态仿真技术完全成熟后，能耗测算中由于瞬态和稳态区别造成的差别才能完全消除。

（4）实际运行方案弹性较大。

油气管道能耗测算主要基于理论公式，而实际运行中往往弹性很大，特别是对于原油管道，为了使得安全性高一点，运行温度可能会提高很多，造成进站温度明显高于运行规程规定的最低温度。此外，由于清管、内检测等原因必须提温时，提温的时间和幅度都没有明确的规定，完全凭调度员的经验和主观判断，这些都给能耗测算带来很大的困难。

综上所述，油气管道能耗测算受多种因素影响，对影响因素的认识程度决定了研究对象与生产实际存在固有的差别，测算结果与实际能耗必然存在一定的误差。要想真正提高测算精度，还需要在瞬态仿真等多方面开展长期而深入的研究。

目前，油气管道能耗测算主要有公式计算和分析统计两种方法。公式计算法因涉及参数多，且水力、热力计算中偏微分方程的求解过程繁杂，故多以成熟的商业软件进行模拟计算。分析统计法则是基于油气管道多年的历史运行数据，对管道能耗进行回归统计，历史运行数据越多、越详细，得到的能耗规律就越接近管道的实际情况。两种方法各有不足之处：公式计算法需要多种管道参数，而有些参数难以测量或根本无法测量；分析统计法主要受历史运行报表的制约，记录内容的全面程度、详尽程度和准确度都对分析结果产生极大影响。

公式计算法以中国石油大学（北京）的吴长春教授和西南石油大学的李长俊教授编制的两套油气管道能耗测算软件（以下分别简称软件 A、软件 B）为代表，均在北京调控中心有所应用，但测算准确性和操作方便度还有待进一步提高。其核心思想均为借助包括油气管道仿真与优化软件和相关公式在内的测算工具，按照计划输量编制稳态运行方案，累加得到全线全年的耗油/气/电总量。

软件 B 借助模拟软件 SPS，而软件 A 借助其自主研发的油气管道运行优化软件。因此，所借助的油气管道仿真与优化软件性能的好坏直接决定着能耗测算软件的准确性。我们知道，SPS 虽然能够进行气体和液体介质输送的仿真计算，但是由于其在原油仿真时采用模拟油模型，所以软件 B 对天然气管道能耗测算的准确性要高于对原油管道能耗测算的准确性。软件 A 借助的油气管道运行优化软件已经在多条具体管线中应用，以原油管道能耗测算为例，因为其是按照运行规程规定的最低温度优化后的运行方案，进出站油温与实际运行方案有一定偏差，所以能耗测算值较实际情况总是偏低的，这可以通过人为增加修正系数部分解决。

分析统计法又称趋势预测法，以往年典型工况数据为基础，建立耗能量与影响因素（如输量、站温升）间的拟合公式，将预测输量带入进行能耗测算。Q/SY 1209—2009 中推荐预测输量偏离收集输量范围幅度不宜大于 10%，拟合公式相关系数不宜小于 0.8。这在一定程度上限制了分析统计法的应用范围。

分析统计法大致发展成两类，一类是将耗能量看成是输量的一元函数进行拟合，此时，自变量和因变量是确定的，但两者之间的函数关系式不确定，具体形式依赖于历史数据。表 4-1 给出了某管道耗电量 (y) 与输量 (x) 可能的多种函数拟合形式。

表 4-1　某管道耗电量函数拟合形式

预测模型	模型参数		
	a	b	相关系数
$y=a+bx$	53.1237	1.23171	0.982903
$y=a+b\lg x$	−429.924	303.658	0.965301
$y=\dfrac{1}{a+b\exp(-x)}$	0.00534952	$1.75325e\times10^{30}$	0.0724552
$y=1/(a+bx)$	0.00918546	$-3.47978e\times10^{-5}$	0.990299
$y=x/(a+bx)$	0.0394292	0.00169833	0.97144
$y=ax^b$	7.00357	0.701033	0.978422
$y=a\exp\left(\dfrac{b}{x}\right)$	370.754	−73.3893	0.95631
$y=a\exp(bx)$	91.539	0.00652429	0.989193
$y=a\exp(bx^2)$	130.137	2.96397×10^{-5}	0.989753

　　以原油管道能耗测算为例，将运行能耗看成输量的一元函数的依据如下。油品黏度、管道长度、流量和管径对管道动力消耗的影响依次增强，对某一具体管道而言，如果管径和长度固定不变，所输油品物性相同，则油品的黏温特性也是一定的，而这种随温度变化的黏度对摩阻的影响，已经包含在生产电耗之中。因此在研究某一管道输量对生产电耗的影响时，可以不考虑其他因素。原油升温所需热量取决于体积流量、流体密度、比热容和各站的进出站温差，而流体密度、比热容尽管也随温度变化，但取常数完全可以满足预测精度的要求。在地温相近的情况下，进出站温差也是输量的函数。基于以上分析，在进行管道能耗预测时，只要分析地温相近时输量与油耗和电耗的变化关系，即可建立热油管道能耗的预测模型。

　　另一类方法为以某一基本公式为主要部分，如：

$$B=\frac{cQ\Delta T}{R_{\mathrm c}\eta} \tag{4-1}$$

式中　B——耗油量，t；

　　　c——比热容，J/(kg·℃)；

　　　Q——质量流量，kg/m^3；

　　　ΔT——站温升，℃；

　　　$R_{\mathrm c}$——低位发热值，kJ/kg；

　　　η——炉效。

　　然后在基础公式后面增加修正项，如：$\tilde B=B+B_{修正}$。显然，如果将耗油量看作因变量的话，质量流量和站温升是两个自变量，或者说原油管道耗油预测量 B 是质量流量 Q 和站温升 ΔT 的函数。此时，原油管道能耗预测拟合公式就是一个双参数回归问题。

曲线拟合方法有传统的最小二乘法，以及基于现代算法的 EDA、最小二乘支持向量机、神经网络以及遗传算法等。利用最小二乘支持向量机对某原油管道能耗进行测算，耗电量预测值与实际值的误差绝对值基本在 3% 以内，耗油量预测值与实际值的误差绝对值基本在 8% 以内；利用人工神经网络，生产油耗的最大相对偏差为 4.8%，生产电耗的最大相对偏差为 4.27%。上述模型的计算结果满足工程需要，但进一步提高精度的空间有限。

管道运行优化项目所设定的主要目标是将现有管道的运行工况在允许的条件下调整为最优状态，这是一个复杂的多目标优化问题。在界定管道的"最优工况"时往往需要考虑很多因素，管道耗能或能耗成本往往是重要的优化目标。在能耗预测方面，通常可采用以下三种方法：

（1）采用数理统计，通过对大量历史数据的分析，提出通用技术或经济经验公式，达到预测能耗的目的。

（2）通过工艺计算，利用管道仿真软件或者优化软件，计算各工况下的能耗情况。

（3）结合数理统计和工艺计算的综合计算法。

第二节　数理统计法

一、天然气管道

数理统计法主要是通过对大量历史能耗数据的分析，将天然气管道能耗受某项因素的影响进行拟合，得出经验公式，并利用该公式进行能耗预测。以某天然气主干管道 A 为例，该管道系统包含两条平行铺设的管道，两条管道可实现分列或并联运行，管线干线全长约 900km，全线设有 4 座压气站，12 台机组。管道联合运行的最大输气能力 $67 \times 10^8 \mathrm{m}^3/\mathrm{a}$，日均 $1850 \times 10^4 \mathrm{m}^3$。该管网结构如图 4-2 所示。

通过对过去 5 年该管道系统每日运行情况的梳理，剔除因为现场作业、应急调整等因素造成运行工况短期变化的情况，统计正常工况下（两条管线联合运行）的日输气量和当日的压缩机自耗气，可以得出管道系统自耗气与输量关系（图4-3）和拟合曲线。

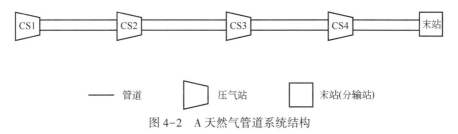

图4-2　A天然气管道系统结构

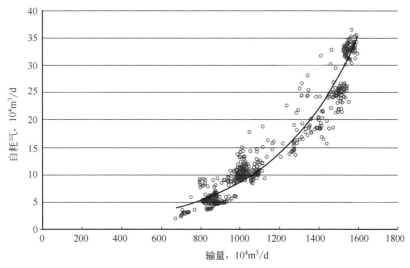

图4-3　A天然气管道系统自耗气与输量的关系

通过对拟合曲线的分析，得出 A 管道系统联合运行情况下压缩机自耗气与输量的经验公式：

$$y = 8.52 \times 10^{-8} x^{2.68} \tag{4-2}$$

根据该公式，便可以推断当 A 管道联合运行状态下，不同输量台阶下的压缩机自耗气。例如，当输量为 $1150 \times 10^4 \mathrm{m}^3/\mathrm{d}$ 时，预测出合理的自耗气量约为 $13.6 \times 10^4 \mathrm{m}^3/\mathrm{d}$。

随着历史数据的累积，此方法的精度会越来越高。但是数理分析法也存在不足，即只能针对典型工况进行预测，无法与实际运行情况进行结合。反观历史运行情况，当输量为 $1150 \times 10^4 \mathrm{m}^3/\mathrm{d}$ 时，管道的实际总耗气在 $8 \times 10^4 \sim 16 \times 10^4 \mathrm{m}^3/\mathrm{d}$，耗气的波动主要是由于管道在运行中会发生各种各样的情况，导致开机方式和运行情况各不相同。因此往往需要采用工艺计算法进行进一步分析。

二、原油及成品油管道

比较简单的分析统计法是在收集往年典型工况下平稳运行的输量、输油泵机组耗电量、加热炉耗油（气）量和压缩机组能耗量等历史数据的情况下，以输量为横坐标，分别以输油泵机组耗电量、加热炉耗油（气）量和压缩机组能耗量为纵坐标绘制曲线，并分别拟合出输油泵机组耗电量、加热炉耗油（气）量和压缩机组能耗量与输量的关系式。然后将计划输量代入拟合公式计算输油泵机组耗电量、加热炉耗油（气）量和压缩机组能耗量，或者利用曲线直接从坐标图确定计划输量所对应的输油泵机组耗电量、加热炉耗油（气）量和压缩机组能耗量。这种测算通常需要大量的历史数据作为参考，从历史运行工况中筛选与预测期内相同的运行工况。通常情况下，由于在某一时期内很难出现完全相同的运行工况，因此一般采用历史数据统计和拟合计算相结合的方法进行能耗测算，本文仅选取燃油消耗，以最小二乘法回归拟合式为例阐述分析统计法。

历史数据拟合计算法的基本思路：以地温作为季节划分依据，对不同输量台阶下，运行相对稳定的工况，采用最小二乘法回归出燃油消耗与站温升、输量的关系式。

1. 历史数据的分析处理

将收集到的各条原油管线的运行数据进行整理、统计分析，以影响运行能耗指标程度较大的参数如输量、原油进、出站温度、地温等因素划分，进行油耗的统计。由于耗油与地温和站间温升的变化有着密不可分的关系，同时与输量变化也有着必然的关系。即耗油量的变化趋势与地温的变化趋势成反比，与站间温升的变化趋势成正比。以地温变化作为季节划分依据。一般将 12 月、1 月、2 月、3 月划分为冬季，4 月、5 月、6 月、11 月划分为春秋季，7 月、8 月、9 月、10 月划分为夏季。

在某一个季节中，选取输量连续数天相对稳定（波动不大）的运行数据作为统计分析整理对象，以便原油管道能在一个相对稳定的土壤温度场条件下运行。在一定的输量台阶下，耗油和耗电的数据也比较稳定，而且随着输量的降低，耗油和耗电值也随着发生了变化，以这样的统计条件所得到耗油、耗电指标才具有真实意义和科学合理性。

在数据筛选中应注意：对一些输量突然增加或者减少及其不稳定的工况，在数据整理过程中不予采用；对于一些输量连续稳定不变，但是能耗发生变化的点，通过对设备运行的配置及其运行记录的核查，得出结论后方可决定是否予以采用；对于一些记录错误的点进行删除。

经过数据筛选，通过统计归纳，得出输油管道各季节、各输量台阶下的耗油、耗电指标。某原油管道通过对大量历史数据筛选后得到不同输量台阶下对应的能耗定额变化范围，见表4-2。

表4-2 某原油管线输量台阶和能耗台阶统计

站间	季度	输量区间，$10^3t/d$	电消耗定额，$10^3kW\cdot h$	原油消耗定额，t
1#输油站	冬季	12~14	36~37	36~39
		14~18	37~46	39~43
		18~20	46~48	43~44
	春秋	9~12	32~36	21~35
		12~13	36~38	35~43
	夏季	12~15	30~37	10~11
		15~18	37~43	11~17
		18~20	43~44	9~17
2#输油站	冬季	12~14	3.7~3.8	15~16
		14~17	3.8~4.1	13~16
		17~20	4.1~19	12~13
	春秋季	8~10	3.1~3.6	11~14
		10~14	3.6~3.7	14~15
		14~20	3.7~17	6~15
	夏季	12~15	2~2.4	4.6~6.9
		15~18	2.4~15	5~6.9
		18~21	15~18	4~5
3#输油站	冬季	17~19	40~42	8~11
		19~22	42~45	11~16
	春秋季	12~15	27~40	7~8
		15~18	40~41	7~8
		18~23	41~42	4~7
	夏季	14~16	22~32	5.5~6.7
		16~21	32~38	3.4~5.5
		21~26	38~43	3~3.4

站间	季度	输量区间，10^3t/d	电消耗定额，10^3kW·h	原油消耗定额，t
4#输油站	冬季	16~18	3.3~3.7	14~16
		22~23	27~29	10~14
	春秋	12~17	2.6~3.7	15~16
		17~22	3.7~4	9~16
	夏季	14~18	28~29	4.7~6
		18~23	29~30	6~7
5#输油站	冬季	16~18	32~38	12~14
		18~21	38~43	11~12
		21~23	43~44	8~11
	春秋季	12~16	24~29	9~11
		16~20	29~39	11~14
		20~23	39~43	7~14
	夏季	13~18	24~39	5~9
		18~23	39~43	4~5
6#输油站	冬季	16~18	2~3	7~11
		20~23	28~29	10~11
	春秋	12~18	2~3	10~14
		20~23	27~28	11~14
	夏季	13~19	1.5~2	5~7
		20~24	27~28	3~5

2. 拟合式的确定

在年输量一定的情况下，由于燃料消耗量自身季节性波动明显，因此，管输油耗的季节性差异是建立耗油预测公式必须考虑的问题。以某原油管道2004—2006年全线运行的燃料消耗及沿线地温的变化趋势为例，如图4-4和图4-5所示。由图4-4和图4-5可以明显看出，燃油消耗量与地温的变化均呈现波动形态，且表现为直接的负相关。燃油消耗量受地温变化的影响最明显，不同月份之间的燃料消耗量，由于输量差异因素引起的棱角式突起和凹陷破坏了曲线的平滑性。理论上，在燃料消耗中引入季节模型预测结果精度最好，但相应的模型复杂性以及计算代价很高。季节性差异对管输能耗的影响只需通过季节划分即可削弱，并保证预测结果精度的要求。

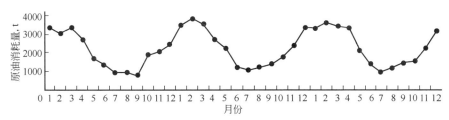

图 4-4　2004—2006 年某原油管道燃料消耗量随时间变化的曲线

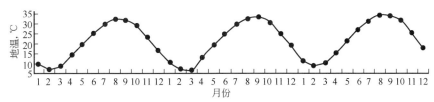

图 4-5　2004—2006 年某原油管道沿线地温随时间变化的曲线

根据基本油耗计算公式 [式(4-1)]，如果将耗油量看作因变量的话，质量流量和站温升是两个自变量，或者说原油管道耗油预测量 B 是质量流量 Q 和站温升 ΔT 的函数。因此，原油管道能耗预测拟合公式就是一个双参数回归问题。

由于计量回归仅限于线性回归，不具备多元非线性回归能力，所以必须对质量流量和站温升的影响单独考虑。由于两个自变量对因变量的影响中，站温升的影响占主要作用。因此，拟合过程中首先根据输量划分台阶，同一输量台阶下燃料油消耗量就简化为站温升的一元函数。

通过分析自变量影响因素，在基本能耗预测公式上加修正项：

$$\tilde{B} = B + B_{修正} \qquad (4-3)$$

其中，在确定的输量台阶下，$B_{修正}$ 为站温升的四次多项式函数，形式如下：

$$B_{修正} = \alpha_0 + \alpha_1 Q\Delta T + \alpha_2 Q\Delta T^2 + \alpha_3 Q\Delta T^3 + \alpha_4 Q\Delta T^4 \qquad (4-4)$$

因此能耗预测公式的拟合问题就是回归 $B_{修正}$ 的系数问题。通过最小二乘法回归系数 α_0、α_1、α_2、α_3 和 α_4，预测能耗与实际能耗相差最小。最小二乘法回归的优势在于易于编程实现、计算精度高，特别适合数据量远大于回归系数的情况。对每条管道在不同站间、不同季节和输量台阶下形成修正系数，其中输量和站温升覆盖历史运行报表中所有范围。

综上所述，一套耗油预测公式拟合流程为：首先整理运行报表，根据地温统计结果划分季节，根据输量统计结果划分输量台阶，然后在确定的季节和输量台阶下，应用最小二乘法回归五个系数。例如，某输油站冬季输量在

13000~17000t/d 时，耗油预测拟合式为：

$$\tilde{B} = 0.057982Q\Delta T + 7.64079 \times 10^{-6}Q\Delta T^2 + 1.5925 \times 10^{-7}Q\Delta T^3 + 2.90569 \times 10^{-7}Q\Delta T^4 + 611.91199$$

第三节　工艺计算法

一、天然气管道

天然气管道的水力热力计算是天然气管道能耗分析的理论基础，其中天然气管道的压降计算是工艺计算的重要组成部分。在管道计算和压缩机计算中要用到一些天然气的物性参数，例如密度、压缩因子、定压比热、定容比热、温度绝热指数、容积绝热指数、焦耳-汤姆逊系数等。这些参数一般都与天然气组分、压力和温度有关，一般利用 BWRS 方程求解。BWRS 方程是 Starling-Han 对 BWR（Benedict-Webb-Rubin）方程的改进，此处不再赘述。需要说明的是，管道计算和压缩机计算中需要的天然气的物性参数是不同的。管道计算需要的物性参数为：压缩因子、相对密度、定压比热、焦耳-汤姆逊系数、动力黏度、相对分子质量；压缩机计算需要的物性参数为：压缩因子、相对分子质量、定温绝热指数、低热值和摩尔密度。

1. 输气管段的水力、热力计算

对天然气管道运行优化问题进行计算时，需要进行大量的站间递推工作，主要是对管段进行水力热力计算。假设流体为稳定流并且在其他简化假设的基础上得到了一系列水力和热力计算公式。这些公式目前仍然在广泛使用，是计算管线压力和温度的有效方法。将站间管道划分小段后，从第一个小段开始顺序进行水力热力计算，就可以完成整个管道的水力、热力计算。对分段后的任意一个管段 i，沿线地形起伏天然气管道水力计算公式为：

$$Q_i = C_0 \sqrt{\frac{[p_{Q,i}^2 - p_{z,i}^2(1 + as_{z,i})]D_i^5}{\lambda_i Z_i \Delta_* T_i L_i [1 + \frac{a}{2L}\sum_{j=1}^{z}(s_{i,j} + s_{i,j-1})l_{i,j}]}} \tag{4-5}$$

对该公式稍作变形，既得到任意管段 i 的终点压力 $p_{z,i}$：

$$p_{Z,i} = \sqrt{\dfrac{\left[p_{Q,i}^2 - \dfrac{Q_i^2 \lambda_i Z_i \Delta_* T_i L_i \left[1 + \dfrac{a}{2L_i}\sum\limits_{j=1}^{Z}(s_{i,j}+s_{i,j-1})l_{i,j}\right]}{C_0^2 D_i^5}\right]}{1+as_{Z,i}}} \tag{4-6}$$

$$a = \frac{2g}{Z_i R T_i} \tag{4-7}$$

式中　$p_{Q,i}$——第 i 管段起点压力，等于第 $i-1$ 管段的终点压力
　　　　　$p_{Z,i-1}$，Pa；

　　　$p_{Z,i}$——第 i 管段终点压力，等于第 $i+1$ 管段的起点压力
　　　　　$p_{Q,i+1}$，Pa；

　　　Q_i——第 i 管段内天然气标准体积流量，m^3/s；

　　　λ_i——第 i 管段的沿程摩阻系数；

　　　Z_i——第 i 管段天然气在管输条件（平均压力和平均温度）下的
　　　　　平均压缩因子；

　　　Δ_*——天然气的相对密度；

　　　T_i——第 i 管段天然气平均温度，K；

　　　L_i——第 i 管段的长度，m；

　　　S——相对于第 i 管段起点的高程，当 $S=0$ 时，公式即变为水平
　　　　　输气管道的水力计算公式，m；

　　　$l_{i,j}$——第 i 管段间第 j 段长度，m；

　　　D_i——第 i 管段的管内径，m；

　　　R——气体常数，$kJ/(kg \cdot K)$；

　　　g——重力加速度，$g=9.8m/s^2$；

　　　C_0——计算常数，当公式中所有参数取上述单位时，$C_0=0.03848$。

而管段 i 上任意一点的温度可按照下式计算：

$$T_i = T_{0,i} + (T_{Q,i} - T_{0,i})e^{-ax} - D_i \frac{p_{Q,i} - p_{Z,i}}{\alpha L_i}(1-e^{-ax}) \tag{4-8}$$

管段 i 的平均温度：

$$T_{pj,i} = \frac{1}{L_i}\int_o^L T_i dx = T_{0,i} + (T_{Q,i} - T_{0,i})\frac{1-e^{-ax}}{\alpha L_i} -$$

$$D_i \frac{p_{Q,i} - p_{Z,i}}{\alpha L_i}\left[1 - \frac{1}{\alpha L_i}(1-e^{-ax})\right] \tag{4-9}$$

$$\alpha = \frac{K_i \pi D_i}{M_i C_{p,i}} \tag{4-10}$$

摩阻系数是影响输气管道压降计算准确性的关键因素之一，其计算公式有多种，不同公式的适用范围各不相同，计算精度也有差异。使用精度较高且应用广泛的柯列勃洛克（F. Colebrook）公式。

$$\frac{1}{\sqrt{\lambda}} = -2\lg\left(\frac{a}{3.7D} + \frac{2.51}{Re\sqrt{\lambda}}\right) \qquad (4-11)$$

式中 Re——雷诺数；

D——管内径，mm；

a——管内壁绝对粗糙度，μm；

Q——管段的标准体积流量，m^3/s；

μ——天然气的动力黏度，$N \cdot s/m^2$；

ρ_a——标准状态下空气的密度，$\rho_a = 1.206kg/m^3$。

2. 压缩机组的水力、热力计算

压缩机组为天然气的输送提供动力，是天然气管道的心脏，天然气管道的运行可靠性和经济性很大程度上取决于压缩机组的可靠性和性能。一般天然气主干长输管网中使用两种类型的压缩机：离心式压缩机和往复式压缩机。其中离心式压缩机是使用最广的增压装置，往复式压缩机一般运用于储气库注气。目前，对于天然气管道来说，确保压缩机组高效运行是其关注的重点之一。在满足管道输量要求和确保压缩机组安全运行的基础上，如何有效降低机组的耗气量或耗电量（在安全的基础上，一定输量下，机组的耗气量或耗电量最小）是天然气管道公司调控部门最重要的工作。压缩机组性能指标主要包括流量、功率、燃驱负荷率、燃驱效率等参数，随着天然气管道压缩机组的大量投用，提高压缩机组运行性能分析。而机组的耗气量和耗电量与机组的运行效率有关。如何用数学方法准确地描述压缩机的工作状态，是能耗工艺计算的重中之重。因为计算结果的可信度在很大程度上取决于压缩机特性曲线的回归精度。

1）往复式压缩机

往复式压缩机具有压力范围广、热效率高、适应性强等特点。目前多用于储气库注气，在国内的长输天然气管道中应用较少，仅在部分站场有少量应用。往复式压缩机的输入功率可以按以下公式计算：

$$N = \frac{k_v}{k_v - 1} ZmRT\left(\varepsilon^{\frac{k_v - 1}{k_v}} - 1\right) \qquad (4-12)$$

$$N_s = \frac{N}{\eta \eta_c \eta_g} \qquad (4-13)$$

式中　N——压缩机的指示功率，kW；

$\quad\quad$ N_s——驱动机的输出功率；

$\quad\quad$ T——压缩机入口温度，K；

$\quad\quad$ R——气体常数，kJ/(kg·K)；

$\quad\quad$ Z——压缩因子；

$\quad\quad$ ε——压比；

$\quad\quad$ m——天然气质量流量，kg/s；

$\quad\quad$ k_v——容积绝热指数；

$\quad\quad$ η——压缩机绝热效率；

$\quad\quad$ η_g——压缩机的机械效率；

$\quad\quad$ η_c——传动效率。

$\quad$2）离心式压缩机

离心式压缩机具有流量大、尺寸小、运行可靠等优点，在输气管道工业中应用非常广泛。离心式压缩机常用到的特性曲线有以下几种：压头—转速—流量曲线、效率—转速—流量曲线、喘振流量—转速曲线、滞止流量—转速曲线。

（1）压头—转速—流量特性方程。

选择某一转速下的压头—流量的离散数据点进行回归，如果有对应不同转速的多条曲线，应选其中最接近额定转速的曲线进行回归，这样可减少计算不同转速下的压头误差，利用最小二乘法回归得到对应于转速 n_0 的压头—流量方程：

$$H_0 = a_0 Q_0^2 + a_1 Q_0 + a_2 \tag{4-14}$$

式中　a_0、a_1、a_2——方程系数；

$\quad\quad$ H_0——测试工况下入口体积流量对应的压头。

设压缩机的实际转速为 n，在标准状态下的体积流量为 Q_s。为了利用公式(4-14)计算压缩机的压头，首先要用下式将 Q_s 转化为压缩机入口状态下的体积流量：

$$Q = \frac{0.101325 Z T Q_s}{293.15 p} \tag{4-15}$$

式中　Q——实际入口条件下的流量，$\mathrm{m^3/s}$；

$\quad\quad$ P——实际入口条件下的压力，MPa；

$\quad\quad$ T——实际入口条件下的温度，K；

$\quad\quad$ Z——实际入口条件下的压缩因子。

然后将 Q 转化为转速为 n_0 时所对应流量 Q_0：

$$Q_0 = Q\frac{n_0}{n} \tag{4-16}$$

将 Q_0 代入式(4-14)得到 H_0，最后将 H_0 代入下式即可求得压缩机的实际压头：

$$H = H_0\left(\frac{n}{n_0}\right)^2 \tag{4-17}$$

式中　H——转速为 n 时压缩机的实际压头，kJ/kg；

H_0——转速为 n_0 时压缩机的实际压头，kJ/kg。

如果需要压缩机的压比，可用以下公式求解：

$$\varepsilon = \left(\frac{k_v-1}{k_v ZRT}H+1\right)^{\frac{k_v}{k_v-1}} \tag{4-18}$$

式中　H——压缩机的压头，kJ/kg；

Z——压缩因子；

R——气体常数，kJ/(kg·K)；

T——压缩机入口温度，K；

k_v——容积绝热指数。

(2) 效率—转速—流量特性方程。

选择某一转速下的效率—流量的离散数据点进行回归，如果有对应不同转速的多条曲线，应选其中最接近额定转速的曲线进行回归，这样可减少计算不同转速下的压头误差，利用最小二乘法回归得到对应于转速 n_0 的效率—流量方程：

$$\eta_0 = a_0 Q_0^2 + a_1 Q_0 + a_2 \tag{4-19}$$

式中　a_0、a_1、a_2——方程系数；

η_0——测试工况下入口体积流量对应的效率。

设压缩机的实际转速为 n，在标准状态下的体积流量为 Q_s。首先需要利用式(4-15)将 Q_s 转化为压缩机入口状态下的体积流量，然后利用式(4-16)将 Q 转化为转速为 n_0 时所对应流量 Q_0，再将得到的 Q_0 代入式(4-19)，得到转速为 n_0 时的效率 η_0。在相似工况下压缩机的效率相等，那么转速为 n 时的效率为：

$$\eta = \eta_0 \tag{4-20}$$

(3) 喘振流量—转速特性方程。

离心式压缩机每一个转速都对应一个喘振流量，即最小流量 Q_{min}，这个流量随转速的增大而增大。在喘振曲线上取点后以喘振流量为函数，转速为自变量，进行回归，得到如下形式的方程：

$$Q_{\min} = a_0 n^2 + a_1 n + a_2 \tag{4-21}$$

式中　a_0、a_1、a_2——方程系数；

　　　$Q_{\min}$——喘振流量，m^3/s。

（4）滞止流量—转速的特性方程。

离心式压缩机每一个转速同时也对应一个滞止流量，即最大流量 $Q_{\max}$，这个流量随转速的增大而增大。在滞止曲线上取点后以滞止流量为函数，转速为自变量，进行回归，得到如下形式的方程：

$$Q_{\max} = a_0 n^2 + a_1 n + a_2 \tag{4-22}$$

式中　a_0、a_1、a_2——方程系数；

　　　$Q_{\max}$——滞止流量，m^3/s。

（5）压缩机总效率。

压缩机总效率是指压缩机输出气体的有效功率 P_{ef} 与压缩机轴耗功率 P_{sh} 之比。需要考虑轴端漏气损失功率 P_1 和机械损失功率 P_{m}。

$$\eta_c = \left(1 - \frac{P_1}{P_{\text{ef}}}\right)\frac{P_{\text{ef}}}{P_{\text{sh}}} = \left(1 - \frac{\Delta G_1}{G}\right)\frac{H_{\text{ef}}}{H_{\text{ci}}} \times \frac{H_{\text{ci}}}{H_{\text{sh}}} = \eta_1 \eta_{\text{ef}} \eta_m \tag{4-23}$$

设计和选用离心压缩机时、常根据所需压比 ε、进气条件和性质估算压缩机内耗功率 P_{ci}，它为各段耗功率之和，段的总耗功率为：

$$P_{\text{tot}} = \frac{GH_p}{\eta_p} = G\frac{m}{m-1}RT_a\left[\varepsilon^{\frac{m-1}{m}} - 1\right]/\eta_p \tag{4-24}$$

或

$$P_{\text{tot}} = \frac{GH_s}{\eta_s} = G\frac{K}{K-1}RT_a\left[\varepsilon^{\frac{k-1}{k}} - 1\right]/\eta_s \tag{4-25}$$

$$P_{\text{sh}} = P_{\text{ci}} + P_{\text{m}} = P_{\text{ci}}/\eta_m \tag{4-26}$$

式中　η_p——多变效率；

　　　m——多变指数；

　　　η_s——等熵效率；

　　　P_{ef}——有效功率；

　　　P_{sh}——压缩机轴耗功率；

　　　P_{ci}——压缩机内耗功率；

　　　G——质量流量。

其中：$\eta_1 = \left(1 - \frac{P_1}{P_{\text{ef}}}\right) = \left(1 - \frac{\Delta G_1}{G}\right)$，为轴封漏气系数，$\Delta G_1$ 为轴封漏气量一般大于 0.99。

$\eta_m = \dfrac{P_{ci}}{P_{sh}} = \dfrac{H_{ci}}{H_{sh}}$，为机械效率，直联工业压缩机 $\eta_m \geqslant 0.98 \sim 0.99$，齿轮传动还要考虑传动效率 $\eta_{zm} \leqslant 0.98 \sim 0.99$。

3. 燃气轮机耗热率的计算

燃气轮机具有转速高、输出功率大、变速性能好、调速范围广及可与离心式压缩机直接连接等优点。同时，燃气轮机的燃料气取自于管输天然气，供应可靠，特别适用于电源供应差的边远地区。天然气管道仿真和运行优化计算是否准确，一个很关键的因素就是燃气轮机的耗热率（效率）计算是否准确，而燃气轮机的耗热率又受到大气温度、海拔高度、机组输出功率和机组转速等因素的影响，一般只能通过查看燃气轮机性能图来获得这方面的数据，这很不利于程序进行计算。因此，找到一种考虑各种因素影响且通用性强的计算燃气轮机耗热率的方法是十分重要的。

1）变工况下燃气轮机相似工况的推导

以单轴燃气轮机（图4-6）为例，其气流通道分为两类：一类是不动通道，例如进气道、尾喷管、空气压缩机和动力透平的静子等；另一类是旋转通道，例如空气压缩机和动力透平的转子等。

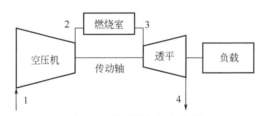

图4-6　单轴燃气轮机结构

对于几何相似的不动通道，表征其内部流动相似的相似准数是任意一截面的绝对运动马赫数 Ma_a（通道内气流速度与当地声速之比）；而对于几何相似的旋转通道，表征其内部流动相似的相似准数是任意一截面的相对运动马赫数 Ma_w（沿叶片方向的速度与当地声速之比）和转子上某点的圆周运动马赫数 Ma_u（转子上某点线速度与当地声速之比）。由转子速度三角形可知，相对运动马赫数 Ma_w 是绝对运动马赫数 Ma_a 和圆周运动马赫数 Ma_w 的函数。因此，表征整个燃气轮机工况相似的相似准数为：

（1）不动通道内任意一截面的绝对运动马赫数 Ma_a；

（2）旋转通道内转子上某点的圆周运动马赫数 Ma_u。

所以，只要使这两个相似准数在燃气轮机运行工况改变前后保持不变，就可以得出燃气轮机工况相似的结论。因为在不动通道内气体流动的速度

（空气被燃气轮机吸入的速度）远小于当地声速，所以绝对运动马赫数 Ma_a 可以近似认为等于零。在这种情况下，仅由输出转速相似参数就可以判定燃气轮机处于相似工作状态。

下面推导燃气轮机输出功率相似参数。在相似工况下，空气压缩机效率 η_c、透平效率 η_T 和机械效率 η_m 视为不变，并假定 c_p 不变。透平膨胀比功：

$$w_T = c_p T_3^* (1 - \pi_T^{-m}) \eta_T \tag{4-27}$$

式中　w_T——透平膨胀比功，J/kg；

$\quad\quad m$——多变指数，$m = \dfrac{k-1}{k}$；

$\quad\quad k$——绝热指数；

$\quad\quad c_p$——空气的比定压热容，J/(kg·K)；

$\quad\quad T_3^*$——透平入口温度，K；

$\quad\quad \pi_T$——透平压比，$\pi_T = \dfrac{p_4^*}{p_3^*}$。

由空气压缩机和透平的转速相似参数之比可得：

$$\frac{T_3^*}{T_1^*} = C \tag{4-28}$$

故将式（4-27）等号两边同时除以 T_3^*，再代入式（4-28），即

$$\frac{w_T}{T_1^*} = C$$

因此，可近似认为 $\dfrac{w_T}{T_1^*}$ 为透平膨胀比功相似参数。

空气压缩机压缩比功为：

$$w_C = c_p T_1^* (1 - \pi_C^{-m}) \eta_c \tag{4-29}$$

式中　w_C——空气压缩机压缩比功，J/kg；

$\quad\quad m$——多变指数，$m = \dfrac{k-1}{k}$；

$\quad\quad k$——绝热指数；

$\quad\quad c_p$——空气的比定压热容，J/(kg·K)；

$\quad\quad T_1^*$——空气压缩机入口温度，K；

$\quad\quad \pi_C$——空气压缩机压比，$\pi_C = \dfrac{p_2^*}{p_1^*}$。

同理，可得 $\dfrac{w_C}{T_1^*}$ 亦为空气压缩机压缩比功相似参数。

燃气轮机的输出比功等于透平膨胀比功减去空气压缩机压缩比功：

$$w_e = \mu\eta_m w_T - w_C \tag{4-30}$$
$$\mu = (1+f)(1-\mu_{cl})$$

式中　μ——系数；

　　　f——燃料气与空气的质量比；

　　　μ_{cl}——冷却器百分比（4%~12%）；

　　　η_m——机械效率，取99%。

将式（4-30）两边同时除以 T_1^* 得：

$$\frac{w_e}{T_1^*} = \mu\eta_m \frac{w_T}{T_1^*} - \frac{w_C}{T_1^*} \tag{4-31}$$

同理，可得 $\dfrac{w_e}{T_1^*}$ 为燃气轮机输出比功相似参数。

燃气轮机的输出功率为：

$$N_e = G_C w_e \tag{4-32}$$

式中　G_C——空气压缩机入口质量流量，kg/s；

　　　w_e——燃气轮机输出比功，J/kg。

经过等价变形后，得：

$$N_e = \frac{G_C\sqrt{T_1^*}}{p_1^*} \frac{w_e}{T_1^*} p_1^* \sqrt{T_1^*} \tag{4-33}$$

将式（4-33）两边同时除以 $p_1^* \sqrt{T_1^*}$，得：

$$\frac{N_e}{p_1^* \sqrt{T_1^*}} = \frac{G_C\sqrt{T_1^*}}{p_1^*} \frac{w_e}{T_1^*} \tag{4-34}$$

因此，等号左边在相似工况的条件下也保持不变，其中 T_1^*，p_1^* 为燃气轮机入口温度和压力，故有：$T_1^* = T_a$（大气温度），$p_1^* = p_a$（大气压力），所以 $\dfrac{N_e}{p_a\sqrt{T_a}}$ 可以近似的认为是燃气轮机输出功率相似参数。

所以，当 $\dfrac{n_T}{\sqrt{T_a}} = C$ 时，可得燃气轮机工况相似，进而在相似工况下又得到燃气轮机输出功率相似参数：

$$\frac{N_e}{p_a \sqrt{T_a}} = C \tag{4-35}$$

因此，得到一个新的相似参数：

$$\frac{n_T N_e}{p_a T_a} = C \tag{4-36}$$

所以燃气轮机在相似工况下，输出功率有如下转换关系：

$$N_0 = N \frac{n}{p} \frac{p_0 T_0}{T} \frac{T_0}{n_0} \tag{4-37}$$

式中　N_0——测试工况下的输出功率，kW；

　　　N——实际工况下的输出功率，kW；

　　　n_0——测试工况下的输出转速，r/min；

　　　n——实际工况下的输出转速，r/min；

　　　p_0——测试工况下的大气压力，Pa；

　　　p——实际工况下的大气压力，Pa；

　　　T_0——测试工况下的大气温度，K；

　　　T——实际工况下的大气温度，K。

2）变工况下燃气轮机耗热率的推导

耗热率用来衡量燃气轮机的效率，其定义式为：

$$q_e = \frac{3600 G_f H_u}{N_e} = \frac{3600}{\eta_e} \tag{4-38}$$

式中　q_e——燃气轮机耗热率，kJ/（kW·h）；

　　　G_f——燃料气质量流量，kg/s；

　　　H_u——燃料气低发热值，kJ/kg；

　　　N_e——燃气轮机输出功率，kW；

　　　η_e——燃气轮机效率。

显然，耗热率是燃气轮机输出单位功率所需消耗的热量，耗热率越低，机组效率越高，反之机组效率越低。

现在，有相似工况的推导作为理论依据，便可以得到一种简便、通用、适用于编程且具有较高精度的燃气轮机耗热率计算模型。该模型在大气温度为 T_0、大气压力为 p_0 和输出转速为 n_0 的条件下，将耗热率与输出功率的关系用最小二乘法进行回归，得到如下形式的方程：

$$q_0 = a_0 N_0^2 + a_1 N_0 + a_2 \tag{4-39}$$

式中　a_0、a_1、a_2——方程系数。

当输出转速或大气条件发生变化时，可以用相似关系式(4-37)将输出功

率 N 转换为式（4-39）条件下的输出功率 N_0，然后将 N_0 代入式（4-39）求得耗热率 q_0。因为在相似工况下效率相等，故耗热率也相等，即

$$q = q_0 \qquad\qquad (4-40)$$

4. 压缩机组效率简化算法

随着在线仿真软件在输气管道上的应用运行，天然气在线仿真技术日趋成熟，经过长时间的经验积累和在线维护，在线仿真数据可用数据参数较多，压缩机组性能参数齐全，采用仿真数据与现场数据结合的方法计算压缩机组效率的方法从理论上是可行的。

对于燃气轮机效率参数的计算，如果采用详细的理论计算公式，还需要燃气轮机的真实性能曲线（功率、转速和气温关系曲线），此外还需要大气的湿度等参数，需要现场安装相关仪表。采用这些数据进行拟合，可以得出一个理论计算功率。

目前，我们可以采用以下公式：

（1）燃驱效率=压缩机轴功率÷燃料气燃烧功率，其中，压缩机轴功率可通过仿真计算获得；

燃料气燃烧功率=燃料气流量×燃料气密度×燃料气热值。

（2）压缩机效率 $= e_0 + e_1$（流量/转速）$+ e_2$（流量/转速）^{2}（奇斯曼多项式），此处 e_0、e_1、e_2 均为奇斯曼系数。

压缩机效率可由仿真直接获得，也可以由奇斯曼多项式计算获得，由公式可以看出，压缩机转速数据点均已上传至中心，需要确定压缩机过流量瞬时值方可计算。

（3）燃驱负荷率=实际功率÷最大功率。

现场燃气轮机 UCP 上未有实际功率数据显示，可建立不同温度、不同转速下的最大功率数学计算模型，目标是可以实时获得当前运行机组对应的最大功率；利用仿真计算的实际功率与最大功率之比就是负荷率。

5. 利用仿真软件计算耗能

管道仿真技术是以相似理论、模型理论、系统技术、控制论、信息技术以及仿真应用领域的相关专业技术为基础，以计算机系统和仿真专用设备为工具，利用模型对系统进行研究分析、评估、决策并参与系统运行的一门多学科综合技术。天然气管道运行仿真是以天然气管道为对象，以气体在管道内流动的稳态和动态相关方程及其求解方法为理论基础，基于已有的计算机仿真技术建立天然气管道仿真模型，通过对仿真模型的稳态和动态分析实现实际管道运行工况分析、优化控制决策、未来风险预测等过程。在管道日渐复杂，控制难度增加，仿真技术应用需求紧迫感不断提升的推动下，随着

SPS、TGNET、Gregg、SIMONE、Ganesi、Realpipe、PNS 等多种国内外仿真应用软件的开发,管道仿真技术实现了模块化发展,极大地简化了管道建模、求解、过程控制、结果分析等环节,有效地提高了仿真技术应用效率和模拟精度,使普通的管道运行控制人员也能够运用仿真技术进行管道运行分析和工况预测。

仍以 A 管道系统为例,当输量为 $1150 \times 10^4 m^3/d$ 时,根据管道不同的运行工况和启机方式,利用仿真软件进行测算,可以得到如下结果(表4-3)。

表4-3 A 管道系统 $1150 \times 10^4 m^3/d$ 输量运行参数

方案	运行/启机方式	运行机组台数	计算总功率,kW	计算总耗气,$10^4 m^3$	能耗率,%
方案1	分列运行 Ⅰ线:1+1+1+1 Ⅱ线:光管	4	18573	15.67	1.36
方案2	联合运行 0+2+1+0	3	15851	13.05	1.13
方案3	联合运行 2+0+1+0	3	12745	10.6	0.92
方案4	联合运行 2+1+0+0	3	10413	9.32	0.81

利用仿真软件进行能耗预测,可以有效结合实际工况进行判断。但是计算精度受制于仿真软件本身的能力和压缩机组性能模拟的准确度。当管线长度和机组数量达到一定程度时,部分仿真软件可能不具备相应的能力,无法完成计算或者计算精度大幅下降。另外,压缩机厂商提供的机组性能曲线普遍与实际曲线存在差距,这也严重影响了计算精度,需要结合实际运行对其进行必要的修正。

二、原油成品油管道

在工艺计算法中,一般是通过工艺计算得到输油泵机组耗电、加热炉耗油(气),辅助能耗部分参照历史数据按照定额法估算即可。计算过程大致为,按照月度计划输量编写运行方案,并选择相应月份下的沿线地温,在模型中各站进出站主要参数符合调度操作手册要求的前提下,算出一组稳定的工况,得到不同月份内全线各站的耗油/气/电总量;当只有年计划输量的情况下,根据前三年的月不均匀系数编制分月运行方案,并选择相应月份下的沿线地温,在模型中各站进出站主要参数符合调度操作手册要求的前提下,算出一组稳定的工况,得到不同月份内全线各站的耗油/气/电总量。根据测算出的月度数值进行累加，形成全年耗油/气/电总量。具体计算思路如图4-7所示。

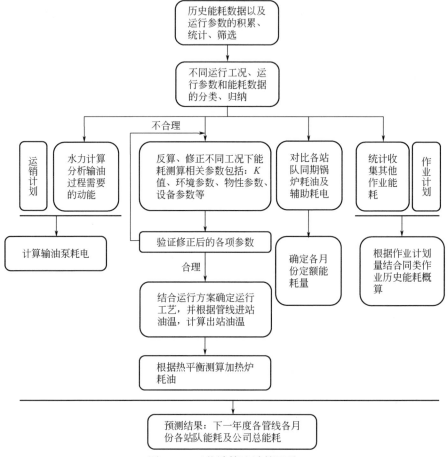

图4-7 工艺计算法计算思路

1. 燃油消耗的测算

对于长输热油管道，加热炉耗油耗气的测算通常大致可以分为以下几个步骤：

（1）历史运行数据的收集和整理。并对管道近几年运行工况和参数进行分析，剔除特殊工况下的运行参数，选取稳态运行工况下的数据。

（2）总传热系数的确定，根据历史运行数据反算输油管道各站间的总传热系数。

（3）预测期内运行计划和运行方案的收集。

（4）根据运行方案及管线运行规程，确定各站进站油温，反算出各站出站油温。

（5）根据各站进出站油温测算预测期内各站燃油（气）消耗。

1）历史运行数据的收集和整理

收集管线 3~5 年的运行数据，收集的数据包括：运行参数、管线参数、环境参数、油品物性、设备参数以及管线作业情况等，具体是指：

（1）油品物性，主要包括：油品比热、密度、凝点、黏度等；

（2）环境参数，主要包括：管线所经历地区的气温、管线埋深处的地温等；

（3）运行参数，主要包括：油品输量、进出站油温、压力、节流等；

（4）管线参数，主要包括：管线里程、站间距、管径、壁厚、管线绝缘层、防腐层厚度及传热系数等；

（5）设备参数，主要包括：加热炉的热效率、运行效率等；

（6）管道作业情况，主要包括：管线结蜡情况，动火作业、清管情况，运行规程要求等。

在对历史运行数据整理过程中结合管线运行工况，剔除由于数据采集异常或者特殊工况导致的明显异常的运行数据。

2）总传热系数的确定

总传热系数的确定通常有两种计算方法：一是根据热平衡进行理论计算；二是根据历史运行数据进行反算。

计算方法 1，根据稳定运行时热平衡计算总传热系数。对于无保温的大直径管道，如果忽略内外径差值，总传热系数可近似按照下式计算：

$$K = \frac{1}{\frac{1}{\alpha_1} + \sum \frac{\delta_i}{\lambda_i} + \frac{1}{\alpha_2}} \tag{4-41}$$

式中　α_1——油流至管内壁的放热系数，$W/(m^2 \cdot ℃)$；

　　　α_2——管外壁至土壤的放热系数，$W/(m^2 \cdot ℃)$；

　　　δ_i——钢管壁、沥青绝缘层等的厚度，m；

　　　λ_i——对应的各层相应的导热系数，$W/(m^2 \cdot ℃)$。

埋地热油管道，管道散热的传递过程通常由三部分组成，即油流至管壁的放热，钢管壁、沥青绝缘层的热传导和管道外壁至周围土壤的传热（包括土壤的导热和土壤对大气及地下水的放热）。

油流至管内壁放热系数的计算。

放热强度决定于油的物理性质及流动状态。可用 α_1 与放热准数 Nu、自然对流准数 Gr 和流体物理性质准数 Pr 间的数学关系式来表示。

（1）在层流时，$Re<2000$，且 $GrPr>5\times10^2$ 时：

$$Nu = 0.17Re_y^{0.33}Pr_y^{0.43}Gr_y^{0.1}\left(\frac{Pr_y}{Pr_{bi}}\right)^{0.25} \tag{4-42}$$

下标"y"表示各参数取自油流的平均温度，下标"bi"表示各参数取自管壁的平均温度。

$$Nu_y = \frac{\alpha_1 D_1}{\lambda_y},\ Pr_y = \frac{\nu_y c_y \rho_y}{\lambda_y},\ Gr = \frac{d_1^3 g\beta_y(T_y-T_{bi})}{\nu_y^2}。$$

式中　λ_y——油的导热系数，$W/(m^2 \cdot ℃)$；

ν_y——油品的运动黏度，m^2/s；

ρ_y——油的密度，kg/m^3；

c_y——油的比热容，$J/(kg \cdot ℃)$；

β_y——油的体积膨胀系数，$1/℃$；

g——重力加速度，m/s^2。

（2）在激烈的紊流情况下，$Re>10^4$，且 $Pr<2500$ 时：

$$\alpha_1 = 0.021\frac{\lambda_y}{D_1}Re_y^{0.8}Pr_y^{0.44}\left(\frac{Pr_y}{Pr_{bi}}\right)^{0.25} \tag{4-43}$$

（3）当 $2000<Re<10^4$，流态处于过渡状态时，放热现象往往突然增加，目前还没有较可靠的计算式，下式可供参考：

$$Nu_y = K_0 Pr_y^{0.43}\left(\frac{Pr_y}{Pr_{bi}}\right)^{0.25} \tag{4-44}$$

其中，系数 K_0 是 Re 的函数，可由表4-4查得。

表4-4　K_0 与 Re 对应关系

Re，$\times10^{-3}$	2.2	2.3	2.5	3.0	3.5	4.0	5.0	6.0	7.0	8.0	9.0	10
K_0	1.9	3.2	4.0	6.8	9.5	11	16	19	24	27	30	33

由上述一系列计算式可见，紊流状态下的 α_1 要比层流状态时大得多，通常大于 $100W/(m^2 \cdot ℃)$，两者可能相差数十倍。因此，紊流时的 α_1 对总传热系数的影响很小，可以忽略，而层流时的 α_1 则必须计入。

（4）关于非牛顿流体圆管传热中对流放热系数 α_1 的计算，目前还不成熟，尤其对于长输管道，资料更少。有文献建议用牛顿流体的计算式。

计算方法2，应用苏霍夫公式，根据同期历史数据反算，计算式如下：

$$K = \frac{Gc}{\pi D l_R} \ln \frac{T_R - T_0}{T_Z - T_0} \qquad (4\text{-}45)$$

式中　G——油品的质量流量，kg/s；

　　　c——输油平均温度下油品的比热容，J/（kg·℃）；

　　　D——管道外直径，m；

　　　l_R——加热站间距，m；

　　　T_R——管道起点油温，℃；

　　　T_Z——管道终点油温，℃；

　　　T_0——周围介质温度，埋深处自然地温，℃。

在总传热系数的计算中，计算方法 1 涉及的计算参数比较多，包括油品的物性、管道管材、沥青层、保温层以及管道周围介质的物性参数。多数参数必须通过实际测算或烦琐的计算得到，而且对于含蜡原油管道，对管道内部结蜡厚度的确定存在一定的难度，不可避免与实际出现较大偏差，因此，计算方法 1 比较适用于新建管道通过计算软件测算总传热系数。计算方法 2 通过大量的历史数据反算得出，在实际测算中比较实用，也是比较常用的总传热系数的确定方法。但是由于苏霍夫公式在反推过程进行了简化处理，因此，较适用于站间距不长、管径较小、流速较低、温降较大且输油过程中摩擦生热可忽略的稳态运行的情况。

3）预测期内运行计划的收集

收集预测期内管线运行计划、运行规程、确定预测期内管线的输量、油品物性、进站油温、地温等参数。

4）出站油温的测算

根据管道计划输量，及确保管道安全运行的各站进站油温，运用列宾宗公式反算上一站出站油温。

列宾宗公式如下：

$$\frac{T_R - T_0 - b}{T_L - T_0 - b} = e^{aL} \qquad (4\text{-}46)$$

$$a = \frac{K \pi D}{Gc}, b = \frac{giG}{K \pi D}$$

式中　G——油品的质量流量，kg/s；

　　　c——输油平均温度下油品的比热容，J/（kg·℃）；

　　　D——管道外径，m；

　　　L——管道加热输送的长度，m；

　　　K——管道总传热系数，W/（m²·℃）；

T_R——管道起点油温，℃；

T_L——距起点 L 处油温，℃；

T_0——周围介质温度，埋深处自然地温，℃；

i——油流水力坡降，m；

g——重力加速度，m^2/s；

a、b——参数。

5）燃料油消耗的测算

根据计算得到的各站进出站的油温，加热炉的热效率等可计算得到燃料油消耗量，计算式如下：

$$g=\frac{3600Gc(T_R-T_Z)}{E\eta_R} \tag{4-47}$$

式中　G——油品的质量流量，kg/s；

c——输油平均温度下油品的比热容，J/(kg·℃)；

g——加热用燃料油耗量，kg/h；

η_R——加热系统效率；

E——燃料油热值，kJ/kg。

2. 电力消耗的测算

1）输油泵电力消耗的测算

输油泵在输送油品过程中输油泵提供的扬程主要用于克服高差、管线沿程摩阻损失以及局部摩阻损失。输油泵扬程计算公式为：

$$H=h_1+\sum_{i=1}^{n}h_{mi}+(Z_Z-Z_Q) \tag{4-48}$$

即为：

$$H=\beta\frac{Q^{2-m}\nu^m}{d^{5-m}}L+\frac{8\xi}{\pi^2d^4g}Q^2+(Z_Z-Z_Q) \tag{4-49}$$

式中　H——输油泵提供扬程，m；

Z_Z——管道终点高程，m；

Z_Q——管道起点高程，m；

h_1——沿程摩阻损失，m；

h_{mi}——局部摩阻损失，m；

Q——油品在管道中的体积流量，m^3/s；

d——管道内径，m；

L——管道加热输送长度，m；

ν——油品的运动黏度，m^2/s；

ξ——局部摩阻系数；

β、m——列宾宗公式中与流态相关的参数。

输油泵机组功率为：

$$N_{机} = \frac{\rho g H Q_{排}}{1000 \eta_1 \eta_2} \qquad (4-50)$$

式中　$N_{机}$——泵机组的功率，kW；

　　　ρ——油品密度，kg/m³；

　　　H——输油泵扬程，m；

　　　$Q_{排}$——输油泵排量，m³/s；

　　　η_1——输油泵效率；

　　　η_2——电动机功率。

输油泵的耗电量为泵机组的功率乘以运行时间。输油泵扬程计算过程中，对于局部摩阻损失的计算，一方面局部摩阻损失比重很小，另一方面局部摩阻的计算涉及管件和阀件的阻力系数，而长输管道沿线管件和阀件数量繁多导致计算烦琐且结果未必准确，因此在理论计算时局部摩阻可忽略不计。

此外，在应用该理论计算公式计算电力消耗过程中，没有考虑出站节流以及运行安排中输油泵匹配等问题，计算结果与实际往往存在较大偏差。可考虑引入修正系数对计算结果进行修正。

$$N = \frac{\rho g H Q_{排}}{1000 \eta_1 \eta_2} \kappa \qquad (4-51)$$

κ 为修正系数，修正系数可通过相似输油工况下，大量历史输油泵耗电数据与理论计算结果相比得到。

2）输油站辅助耗电测算

对于输油辅助耗电的测算，通常可以直接采用定额法，即通过对近几年相似工况下辅助耗电量的统计整理，排除异常工况和作业时的耗电量，作为预测期内的生产辅助耗电量。

3. 周转量单耗测算法

单耗测算法的基本步骤分为：单耗基准值的确定；预测期内输油量、输油计划的确定；预测期内输油周转量的计算；预测期内能源消耗量的计算。

周转量单耗的计算式为：

$$M_s = \frac{E_s}{Q} \qquad (4-52)$$

式中　M_s——单位周转量运行能耗，kg/(10^4t·km) 或 kW·h/(10^4t·km)；

　　　Q——输油周转量，10^4t·km；

E_s——管线燃料油消耗量或电力消耗量，kg 或 kW·h。

图 4-8 所示为某原油管道 2015 年和 2016 年综合单耗变化情况，从图中不难看出，综合单耗的变化有明显的季节性，且随输量变化而变化，因此单耗基准值测算能耗适用于预测期输量和工况与历史输量和工况大致相似的情况。基准值的确定基于对多年相似历史数据的积累和处理。

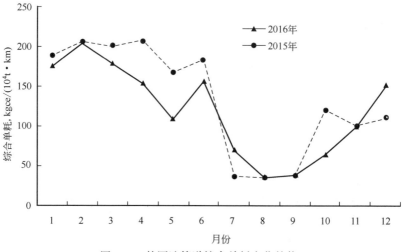

图 4-8　某原油管道综合单耗变化趋势

根据历史数据选择合理的单耗基准值，根据输油计划对管线预测期内的周转量进行计算，用预测期内周转量乘以单耗基准值得到预测期内的能耗。周转量单耗测算能耗的方法通常适用于运行工况比较平稳，运行条件比较相似的情况，而且对于电力消耗的测算比对燃油燃气消耗的测算要更为准确。在电力消耗的测算中，为了提高准确度，可以考虑将主要耗能设备的耗电和辅助耗电分开测算，主要耗能设备的耗电采用单耗测算法，辅助耗电采用定额法测算。周转量单耗法测算结果偏差较大，一般仅在能耗粗略估算中使用。

第五章　管道节能措施

第一节　能耗影响因素

一、天然气管道能耗影响因素

天然气管道是耗能大户，通常天然气管道需要消耗输送总量的 3%~5% 为管输设备提供动力。管道日常运行中产生的能耗由多部分组成，影响管道能耗的因素也较多，例如输量、机组效率、管存等。其中有些因素影响程度大，有些因素影响程度小，因此非常有必要系统地分析天然气管道能耗随各种影响因素的变化规律，以找到对能耗影响程度较大的关键因素，确定优化方向，最终达到节能降耗的目的。天然气压缩机组产生的能耗往往是天然气管道能耗的最主要部分（一般占总能耗的 90% 以上），由第四章第三节中的天然气压缩机功率计算公式可以看出，对压缩机轴功率产生直接影响进而对驱动机（燃气轮机或电机）的运行工况造成影响的主要因素分别为天然气流量、压缩机效率、压缩机运行压比、气质和入口气体温度等。整体来看，管输量和开机方式对天然气管道能耗的影响最为直接和明显。

1. 管输量影响

天然气管道输量是生产能耗最直接和最显著的影响因素。由于天然气管道生产能耗主要由压缩机能耗组成，当输量增加导致增开压气站或者压缩机组，必然造成能耗的明显上升。表 5-1 列举了两条长度约为 2000km 的不同管径的天然气长输干线在不同输量下的压缩机组启机数量。

表 5-1　天然气管道输量和开机数量统计

管线 I		管线 II	
输量，$10^4\mathrm{m}^3/\mathrm{d}$	机组数量 台	输量，$10^4\mathrm{m}^3/\mathrm{d}$	机组数量 台
3600	12	6000	10

管线 I		管线 II	
输量，$10^4 m^3/d$	机组数量台	输量，$10^4 m^3/d$	机组数量台
3800	18	6500	14
4100	22	7000	19
4400	30	8000	28

从表5-1中可以看到，随着输量的逐渐增加，开机数量随之增加，且增幅明显大于输量增幅。例如，管线II的输量由 $6000\times10^4 m^3/d$ 增至 $8000\times10^4 m^3/d$，输量增幅为33%，但开机数量却是 $6000\times10^4 m^3/d$ 工况下的近3倍，由10台增至28台。这是由于管道输量与能耗的增长变化并不呈线性关系，图5-1是某长输天然气管线输量和机组自耗气（电驱机组耗电量通过标准煤折算为耗气量）关系图。

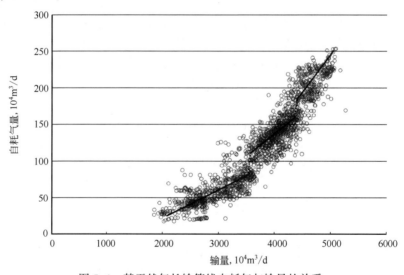

图5-1 某天然气长输管线自耗气与输量的关系

从图5-1中可以看出，该长输天然气管线耗能随着输量上升呈现阶梯状增长，且每级阶梯的斜率逐渐增高。这是由于随着管道输量的增长，通常首先选择提高正在运行机组的运行负荷，随后才选择增开机组。

因此，在进行分析时引入了管道运行负荷率的概念，其定义为：

$$负荷率 = \frac{实际输量}{管道设计输量}$$

长期管道运行实践经验表明，当管道输量达到或超过设计输量 70% 时，开机数量和能耗率都将大幅增加。

如果相对宏观地研究天然气管网输量和能耗的关系，可以发现整体能耗的波动情况也基本与输量变化规律一致。以 2015 年运行情况为例，当年受经济下行、天然气调价和冬季极端天气等诸多因素影响，某区域管网全年各月输量/周转量的峰谷差显著增大。该管网当年的输量基本可以分为三个台阶：1—3 月管网输量显著高于去年同期，耗能也随之增加；4—10 月进入非采暖季，管网整体输量下降，耗能大幅回落；11 月进入冬季后开始随着输量的快速增长，管网能耗急速攀升，进入 12 月输量一直维持高位，能耗也始终在较高水平，如图 5-2 所示。

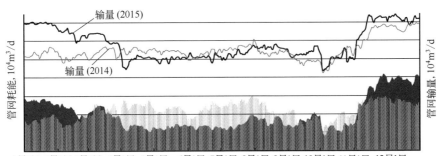

图 5-2　某天然气管网输量与折算耗气量的关系

2. 开机方案影响

1）运行方案影响

同一条天然气管道，在相同的输量条件下可能存在多种不同的运行开机方案。以第四章中介绍的 A 管道系统为例，该系统在输量为 $1050 \times 10^4 \mathrm{m}^3/\mathrm{d}$ 时，有多种运行方案，此处我们对比方案 A（联合运行，启 1 号和 3 号压气站）和方案 B（联合运行，启 2 号和 4 号压气站）两种运行方案的历史运行数据可以发现，方案 A 较方案 B 可以减少机组自耗气约 $2 \times 10^4 \mathrm{m}^3/\mathrm{d}$。

表 5-2　A 天然气管道系统运行方案与能耗对比

项目	运行方案	机组自耗气总量，$10^4\mathrm{m}^3/\mathrm{d}$
方案 A	1+0+1+0	12~13
方案 B	0+1+0+1	10~11

2）燃驱、电驱机组配置影响

二次能源的折标准煤系数的选取，对能耗评价的结果影响很大。二次能源的"当量值"是单位能源本身所具有的热量，"等价值"则是生产一个单位的能源产品所消耗的另外一种能源产品的热量。二次能源折标系数也有当量系数与等价系数之分，当量系数是按照燃料的当量热值（理论发热量）与标准煤发热量之比；等价系数是指二次能源的等价热值与标准热值之比。

（1）电力折标热力当量系数，电力消费折标采用当量值核算（即$1kW \cdot h =$ 1.229tce）。

（2）电力折标热力等价系数，电力等价热值是火电厂每供应$1kW \cdot h$电所消耗的热量，故电力折标准煤等价系数就是供电标准煤耗，供电的标准煤耗随着发电机组效率的提高而逐年下降，电力等价热值的折标系数以当年的火力发电平均供电标准煤耗计算。

折标准煤等价系数随着发电煤耗的变化而变化，而当量系数则是一定的，就数值大小而言，电力的等价系数约是当量系数的3倍。以轴功率20MW的压缩机为例，若采用燃气轮机驱动，假设燃气轮机的效率为30%，则1h耗气$0.727×10^4 m^3$，折合8.63tce/h；若采用电机驱动，假设电机效率90%，则1h耗电$2.22×10^4 kW \cdot h$，采用当量系数折标准煤2.73t/h，采用等价系数折标准煤为8.98t。由此可以看出，若采用当量系数折算，多开电机驱动压缩机组生产单耗偏小。因此，理论上当被评价管道的能源消耗中既有天然气消耗（燃料油消耗）又有电力消耗时，电力以等价系数折算标准煤会使得能耗评价结果更为客观。

3. 季节因素影响

季节对能耗的影响主要反映在温度这一因素上。从温度本身的含义看，一方面，温度影响可指由于地温、气温等温度的变化，导致管道输送过程能耗变化（如大气温度变化，导致燃气轮机功率变化等），此时温度为直接影响；另一方面，温度影响可指由于季节性温度变化，导致用户用气不均匀性。在相同条件下，管道运行平稳程度不同，则管道运行能耗不同。用户用气波动会间接导致管道输送过程不平稳，从而使管道能耗发生变化。管道运行越平稳，则能耗相应越少。此时，温度为间接影响因素。

实践经验表明，我国天然气管道在不同季节的运行特点也不尽相同：除了冬季因为输量高，管道基本满负荷运行导致高能耗外，往往在每年11月和3月也会出现能耗较高的情况。这主要是因为11月和3月是北方地区供暖起始和结束的时期，管网进销通常变化幅度较大，管存频繁波动，机组调整较多，因此导致管道能耗升高。而在夏季（7月、8月），由于管道维检修及清管等作业也会导致一系列运行调整，从而造成能耗"低月不低"的现象。通过对 2014 年和 2015 年某区域管网各月耗能情况的比对（图 5-2）可以看出，2014 年在冬夏季转换期间（3 月、4 月、11 月），由于管网进销变化幅度较大，管存波动，机组调整较多，因此管道能耗升高；而在夏季（7 月、8 月），由于维检修及清管等作业导致一系列运行调整而推高了管网能耗。因此 2014 年全年各月的能耗出现了部分非正常波动的现象，在年中输量较低的月份，能耗不降反升。2015 年，通过对管网进销的预测并及时对运行进行调整，有效控制了能耗的非正常波动，全年能耗变化基本与管网输量的增减同步，只有在夏季因用电高峰期和配合作业调整而导致能耗产生一定的波动。

4. 管存因素影响

管存是指管道中实际储存的天然气体积量，即管道储气的气体数量，是反映管道运行时的压力、温度、季节、运行配置以及运行效率的综合指标，是控制管道进出气体平衡的一个重要指标。合理的管道管存确保管道在允许操作压力范围内运行，充分满足分输/转供点的峰谷值变化需求，还可保证管道具有较高的应急储备能力，随时应对各种紧急状况，是保证管道安全运行的保证。同时，天然气管道压气站较多，从保证管道整体经济运行的角度出发，要求运行压力合理。确定不同运行配置下的合理管存，有利于压气站的稳定性和管道运行的经济性。此外，管存还是控制管道进销平衡的综合指标，是上游气源进气、下游销气、储气库注采气以及管网内转供量的重要控制依据。

根据实际气体状态方程可推导出管存理论计算公式：

$$V_{实}=\frac{p_{pj}V_{自}Z_0T_0}{p_0Z_1T_{pj}}=\frac{293.15p_{pj}V_{自}}{0.101325Z_1T_{pj}} \tag{5-1}$$

式中　Z_1——压力 p_{pj}、温度 T_{pj} 条件下的压缩因子（可参见 BWRS 方程）；

　　　p_{pj}——平均压力，MPa：

$$p_{pj}=\frac{2}{3}\left(p_1+\frac{p_2^2}{p_1+p_2}\right) \tag{5-2}$$

　　　T_{pj}——管道内气体平均温度，K：

$$T_{pj}=T_0+(T_1-T_0)\frac{1-e^{-aL}}{aL} \tag{5-3}$$

其中，
$$a=\frac{K\pi d}{Mc_p} \tag{5-4}$$

　　　c_p——比定压热容，J/（kg·℃）；

　　　K——总传热系数，W/（m²·℃）：

$$K = \cfrac{2\lambda_t}{D_w \ln\left[\cfrac{2H}{D_w} + \sqrt{\left(\cfrac{2H}{D_w}\right)^2 - 1}\right]} \tag{5-5}$$

$V_{自}$——自然管存（物理管容）：

$$V_{自} = \frac{\pi d^2 L}{4} \tag{5-6}$$

其他相关参数如下：

　　d——输气管内径，m；

　　L——输气管计算段长度，m；

　　T_1——管道计算段内起点温度，K；

　　T_2——管道计算段内终点温度，K；

　　λ_t——管材、绝缘层等的导热系数，W/（m·K）；

　　D_w——管道外径，m；

　　H——管道中心埋置深度（默认1.5），m；

　　M——质量流量，kg/s；

　　T_0——管道周围介质的温度，K；

　　p_1——管道计算段内起点气体压力（绝），MPa；

　　p_2——管道计算段内终点气体压力（绝），MPa。

管存与管容（管道长度、内径等）、压力、温度及压缩因子有关。理论上，压缩因子与气体组分、压力及温度有关，压力、温度与管道输量、压气站配置、压气站出站温度及管道地温等因素有关。实践证明，如果天然气管道气源组分稳定不变，管存大小主要受环境温度、输量和机组运行配置等三方面影响。

管存实际上反映了该管段压力大小，直接影响压缩机运行和配置情况，因此管存对站场、管道能耗有直接影响。管存一方面反映了利用管道储气能力大小，另一方面也反映了向用户供气的可靠性程度（如持续供气时间、供气压力）。经验表明，在输量相同的情况下，当管道管存较高时，实质上反映了压缩机组运行压比相对较小，因此机组功率下降，能耗随之降低。

仍以2015年某区域天然气管网的运行情况为例进行说明，对比图5-2中1月和12月的数据，可以发现在输量相似的情况下，两月的耗能相差较大（1月日均耗能约550×10^{4}m^3；12月日均耗能约750×10^{4}m^3）。再进一步对比1月份和12月的管网管存（图5-3），1月份管网管存相对稳定，且维持在较高的范围，而12月管存有较大幅度的波动，并一度降至全年最低管存（低于管网最低控制管存）。可见，运行中将管存维持在合理范围并尽可能保持稳定对节约能耗有显著作用。

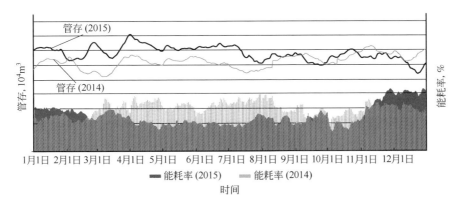

图 5-3　某天然气管网管存与折算耗气量同期对比

　　我国天然气资源与市场分布极不均衡，国产和进口管道天然气多集中在西部地区，销售市场主要分布在东部地区。虽然 LNG 接收站多位于东部沿海地区，但是受接收站气化能力及 LNG 价格影响，无法成为主力气源，仅发挥补充气源和应急调峰的作用。由于资源与市场分布地域的不平衡性，上游资源通过管道输往下游市场往往需要较长时间，因此要合理配置管网管存，减小对上游气田生产和下游市场销售的影响。目前，我国天然气市场仍处于初级发展阶段，下游用户用气普遍不够规范，计划用气量与实际用气量偏差较大，且季节峰谷差日益明显。与国际上常见的用户和管道运营企业共同承担调峰责任的做法不同，我国用户和地方监管部门希望上游企业解决季节调峰，甚至日和小时调峰问题，从而加大了管网的安全供气压力。作为调峰的重要手段之一，我国目前已建储气库有效工作气量只占全国天然气年消费总量的5%（世界平均水平约为 14%，部分天然气利用发达国家和地区更高达 17%～25%）。我国目前除上游企业外，还没有地方政府或用户投资建设地下储气库，天然气调峰能力十分有限，在用气高峰期众多地区出现了供气紧张局面。由于天然气管网过多地承担了为用户调峰的功能，管存波动幅度较大，管网运行难以稳定在优化状态，加剧了天然气管网调控运行及优化节能的难度。

二、原油管道能耗影响因素

　　油品在长输管道内流动时，需要克服摩阻损失以及地势高差，消耗一定的压能。对于轻质低凝点原油，油品流动性好，通过输油泵加压即可完成输油任务，输油过程中主要能源消耗为电能。对于易凝高黏原油，常温下油品流动性差，必须采取一定降凝、降黏等措施。加热输送是目前易凝高黏原油常用的输送方法，通过提高输送油温使油品黏度降低，减少沿线摩阻损失，降低管输压力，完成输油任务，输油过程中主要能源消耗除了电能还有热能。因此，热油管道不同于等温输送的特点在于输送过程中存在着两方面的能量损失：摩阻损失和散热损失。这两种能量损失之间又存在相互影响的关系，摩阻损失的大小取决于油品的黏度，而黏度的大小则取决于输送油温的高低。故对于热油管道完成某一输油任务时，存在着能耗最小最优的输送条件，管线设计和运行过程中需针对具体问题进行具体分析。

1. 燃油消耗影响因素分析

热油管道在运行过程中，管道沿线原油温度逐渐降低，热能逐渐减少。原油输送过程中由于温降而向周围环境散失的热量为：

$$q = Gc(T_R - T_L) \tag{5-7}$$

式中　q——管道每秒钟对外散失的热量，kW；

G——油品的质量流量，kg/s；

c——油品比热容，kJ/(kg·℃)；

T_R——管道出站油温，℃；

T_L——管道进站油温，℃。

根据能量守恒，原油输送过程中损失的热量由加热站加热炉消耗燃料提供，那么加热站燃料油的消耗量为：

$$g = \frac{3600q}{E\eta_R} \tag{5-8}$$

式中　g——加热用燃料油耗量，kg/h；

η_R——加热系统效率；

E——燃料油热值，kJ/kg。

由式(5-7)和式(5-8)可知，对于某一平稳运行的热油管道，运行时间t所消耗的燃料油为：

$$Q_{油} = \frac{3600Gc(T_R - T_L)t}{E\eta_R} \tag{5-9}$$

燃料油周转量单耗为：

$$Q_0 = \frac{Q_{油}}{S} = \frac{3600Gc(T_R - T_L)t}{E\eta_R} \times \frac{1}{3600GtL \times 10^{-7}}$$

$$= \frac{10^7 c(T_R - T_L)}{E\eta_R L} \tag{5-10}$$

式中　Q_0——燃料油周转量单耗，$kg/(10^4 t \cdot km)$；

　　　S——输油周转量，$10^4 t \cdot km$；

　　　L——管线里程，km；

　　　t——管线运行时间，h。

对于热油管道，出站油温与进站油温之间满足列宾宗计算公式：

$$\ln \frac{T_R - T_0 - b}{T_L - T_0 - b} = aL \qquad (5-11)$$

$$a = \frac{K\pi D}{Gc}, b = \frac{gi}{ca}$$

式中　G——油品的质量流量，kg/s；

　　　c——平均油温下的油品比热容，$kJ/(kg \cdot ℃)$；

　　　D——管道外直径，m；

　　　L——管道加热输送长度，m；

　　　K——管道总传热系数，$W/(m^2 \cdot ℃)$；

　　　T_R——管道起点油温，℃；

　　　T_L——距离 L 处油温，℃；

　　　T_0——管道埋深处的自然地温，℃；

　　　i——油流水力坡降；

　　　g——重力加速度，m/s^2。

列宾宗公式中忽略摩擦热的影响，令 $b=0$，由式（5-11）得到苏霍夫公式：

$$\ln \frac{T_R - T_0}{T_L - T_0} = aL \qquad (5-12)$$

$$T_L = T_0 + (T_R - T_0) \, e^{-aL} \qquad (5-13)$$

由式（5-9）和式（5-13）可以推导出热油管线燃油消耗计算式，可以表述为：

$$Q_{油} = \frac{3600 Gct (T_L - T_0)(e^{\frac{K\pi D}{Gc}} - 1)}{E\eta_R} \qquad (5-14)$$

可以看出：热油管道燃油消耗，正比于进站油温与地温的温差，反比于加热系统的热效率，同时受输量、管道沿线总传热系数以及油品比热的影响。对于已经投运的某一特定热油管道，在其他参数不变的情况下，如果输量减少，管道沿线热损失增加，燃料油消耗量增加。原油比热变化对燃油消耗量的影响规律与输量变化情况相同，输量和比热实际都是油品输送过程中蓄热能力的体现。

此外，在其他参数不变的情况下，随着地温增加，管道沿线热损失减少，出站油温变小，燃料油消耗量减少。因此热油管道宜随着季节的变化调整加热炉启炉台数，例如石兰线，在冬季输送长庆油需要采用逐站点炉的运行方式，到了夏季地温达到19℃以上后，采用常温输送就能满足运行油温要求。

一般而言，对于某一特定运行平稳、油源恒定的热油管道，生产运行中要保证进站油温满足运行要求，通常都是通过调整输量和出站油温来改变运行工况。影响燃油消耗主要因素在于进站油温的控制和输量的变化。式(5-7) 热油管道运行过程中向周围环境散失的热量可以表述为：

$$q = Gc(T_L - T_0)(e^{\frac{K\pi DL}{Gc}} - 1) \qquad (5-15)$$

可见，热油管道的热能耗随着进站油温的降低而减少。若进站油温降低到地温，则热油管道不存在热能耗，加热输送变成了常温输送。在其他条件不变的情况下，进站油温由 T_L 降低至 T_L'，热能消耗变化量与降低幅度为：

$$\Delta q = q - q' = Gc(T_L - T_L')(e^{\frac{K\pi DL}{Gc}} - 1) \qquad (5-16)$$

$$N = \frac{\Delta q}{q} = \frac{q - q'}{q} = \frac{T_L - T_L'}{T_L - T_0} \qquad (5-17)$$

将 $e^{\frac{K\pi DL}{Gc}}$ 按照幂级数展开代入式(5-17)：

$$e^{\frac{K\pi DL}{Gc}} = 1 + \frac{K\pi DL}{Gc} + \frac{1}{2!}\left(\frac{K\pi DL}{Gc}\right)^2 + \cdots + \frac{1}{n!}\left(\frac{K\pi DL}{Gc}\right)^n + \cdots$$

$$\Delta q = K\pi DL(T_L - T_L')\left[1 + \frac{1}{2!}\frac{K\pi DL}{Gc} + \frac{1}{3!}\left(\frac{K\pi DL}{Gc}\right)^2 + \cdots + \frac{1}{n!}\left(\frac{K\pi DL}{Gc}\right)^{n-1} + \cdots\right]$$

$$(5-18)$$

分析式(5-18) 可以看出：对于热油管道而言，当进站油温降幅相同时，低输量运行的热能消耗量降幅比满输量运行的热能消耗量降幅要大，即低输量下，通过降低进站油温的方式节约燃油消耗效果更显著。

由式(5-10) 和式(5-13) 可得到管线燃油周转量单耗计算式为：

$$Q_0 = \frac{10^7 c(T_L - T_0)(e^{\frac{K\pi D}{Gc}} - 1)}{E\eta_R L} \qquad (5-19)$$

从式(5-19) 可知：热油管道燃油周转量单耗主要影响因素有：
(1) 油品物性，主要为油品的比热容；
(2) 环境参数，主要为管线埋深处的地温、总传热系数；
(3) 运行参数，主要为油品输量、输油温度；
(4) 管线参数，主要为管线里程、管径；
(5) 设备参数，主要为加热系统热效率等。

2. 电力消耗影响因素分析

管道输油过程中压力能的消耗主要包括两部分，一是用于克服地形高差所产生的位能，对于某一已建管道，它是不随输量变化的固定值；二是克服油品沿管路流动过程中的摩擦而产生的摩阻损失，该部分损失是随着流速及油品的物理性质等因素而变化的。为满足管输过程中压力能需求，油品输送过程中需要输油泵提供扬程为：

$$H = (Z_R - Z_L) + h_f + \sum_{i=1}^{n} h_{mi} \tag{5-20}$$

式中　Z_R——管道终点高程，m；

　　　Z_L——管道起点高程，m；

　　　h_f——沿程摩阻损失，m；

　　　h_{mi}——各站站内摩阻，m。

输油泵有效功率：

$$N_{有效} = \frac{\rho g H Q_{排}}{1000} \tag{5-21}$$

式中　$N_{有效}$——泵的有效功率，kW；

　　　ρ——油品密度，kg/m^3；

　　　H——输油泵扬程，m；

　　　$Q_{排}$——输油泵排量，m^3/s。

考虑输油泵效率 η_1 和电机的效率 η_2，电动机输入功率为：

$$N_{机} = \frac{\rho g H Q_{排}}{1000 \eta_1 \eta_2} \tag{5-22}$$

在输送时间 t 内，输油周转量为：

$$S = \frac{3600 \rho Q_{排} t L}{1000 \times 10000} \tag{5-23}$$

式中　S——输油周转量，10^4 t·km；

　　　$Q_{排}$——输油泵排量，m^3/s；

　　　L——管线里程，km；

　　　t——管线运行时间，h。

电力消耗单耗计算公式为：

$$P_0 = \frac{N_{机} t}{S} = \frac{\rho g H Q_{排} t}{1000 \eta_1 \eta_2} \times \frac{1000 \times 10000}{3600 \rho Q_{排} t L}$$

$$= \frac{gH}{0.36 \eta_1 \eta_2 L} \tag{5-24}$$

在输油泵提供的能量与管道消耗电能完全匹配的情况下，将式(5-20)带入式(5-24)，同时用列宾宗公司计算管道沿线摩阻损失，可得：

$$P_0 = \frac{g}{0.36\eta_1\eta_2 L}\left[(Z_R - Z_L) + h_f + \sum_{i=1}^{n} h_{mi}\right]$$

$$= \frac{g}{0.36\eta_1\eta_2 L}\left[(Z_R - Z_L) + \beta\frac{Q^{2-m}\nu^m}{d^{5-m}}L + \sum_{i=1}^{n} h_{mi}\right] \quad (5-25)$$

由式(5-25)可以看出：

对于大落差管道，电力消耗主要用于克服高差的影响。对于已经投运的水平管道而言，在忽略站内摩阻的情况下，电单耗计算式可以近似认为：

$$P_0 = \frac{g\beta}{0.36\eta_1\eta_2}\frac{Q^{2-m}\nu^m}{d^{5-m}} \quad (5-26)$$

式中 β、m 为列宾宗公式中与流态相关的参数，$\beta = \dfrac{8A}{4^m \pi^{2-m} g}$，取值情况见表5-3。

表5-3 不同流态时的 A、m、β 值

流态		A	m	β，s^2/m	h，m
层流		64	1	$\dfrac{128}{\pi g} = 4.15$	$h_l = 4.15\dfrac{Q\nu}{d^4}L$
紊流	水力光滑区	0.3164	0.25	$\dfrac{8A}{4^m\pi^{2-m}g} = 0.0246$	$h_l = 0.0246\dfrac{Q^{1.75}\nu^{0.25}}{d^{4.75}}L$
	混合摩擦区	$10^{0.127\lg\frac{e}{d}-0.627}$	0.123	$\dfrac{8A}{4^m\pi^{2-m}g} = 0.0802A$	$h_l = 0.0802A\dfrac{Q^{1.877}\nu^{0.123}}{d^{4.877}}L$ $A = 10^{0.127\lg\frac{e}{d}-0.627}$
	粗糙区	λ	0	$\dfrac{8\lambda}{\pi^2 g} = 0.0826\lambda$	$h_l = 0.0826\lambda\dfrac{Q^2}{d^5}L$ $\lambda = 0.11\left(\dfrac{e}{d}\right)^{0.25}$

从式(5-26)可以看出：对于某一特定的水平管道而言，电单耗与流量 Q^{2-m}、黏度 ν^m 成正比，与输油泵和电机的效率成反比。大部分原油管道工作在湍流的水力光滑区，电单耗与流量 $Q^{1.75}$ 成正比。随着输量与黏度的增加，摩阻损失增大，电力消耗增加。同时从表5-3中 m 取值情况也可以看出，黏度对电单耗的影响比输量对电单耗的影响要小得多。

3. 综合能耗影响因素分析

对于热油管道而言，若燃料油折标准煤系数取 1.4289，动力电折标准煤系数取 1.229，那么从式(5-20) 和式(5-26) 可以得到周转量生产综合单耗计算式为：

$$N_0 = 1.4286Q_0 + 0.1229P_0 \tag{5-27}$$

忽略管道沿摩擦热以及站内摩阻的前提下，对于水平热油管道，式(5-27) 可以表述为：

$$N_0 = 1.4286 \frac{10^7 c(T_L - T_0)(e^{\frac{K\pi D}{Gc}} - 1)}{E\eta_R L}$$
$$+0.1229 \frac{g\beta}{0.36\eta_1\eta_2} \frac{Q^{2-m}\nu^m}{d^{2-m}} \tag{5-28}$$

式中　N_0——周转量综合单耗，$kgce/10^4 tkm$；

　　　c——油品比热容，$kJ/(kg \cdot ℃)$；

　　　T_L——进站油温，℃；

　　　T_0——管道埋深处的自然地温，℃；

　　　K——管道总传热系数，$W/(m^2 \cdot ℃)$；

　　　D——管道外直径，m；

　　　G——油品的质量流量，kg/s；

　　　L——管道加热输送长度，m；

　　　η_R——加热系统效率；

　　　E——燃料油热值，kJ/kg；

　　　g——重力加速度，m/s^2；

　　　Q——油品在管道中的体积流量，m^3/s；

　　　d——管道内直径，m；

　　　ν——油品的运动黏度，m^2/s；

　　　η_1——泵效率；

　　　η_2——电机效率；

β、m——列宾宗公式中与流态相关的参数，$\beta = \dfrac{8A}{4^m \pi^{2-m} g}$。

从式(5-28) 可知，热油管道综合单耗的主要影响因素有：

(1) 油品物性，主要为油品的比热、密度和黏度。

(2) 环境参数，主要为管线埋深处的地温、总传热系数。

(3) 运行参数，主要为油品输量、输油温度。

（4）管线参数，主要为管线里程、管径。

（5）设备参数，主要为加热系统热效率、泵机组效率等。

对于某一已建投产运行管道，管线参数、设备参数以及环境参数基本不变，这些因素对于已建管线运行能耗的影响保持不变。通常影响运行能耗的主要因素为输量的安排、运行油温的设定、输油工时的安排以及运行工艺的变化。

1）输量安排的影响分析

对于某一特定的运行平稳的热油管线，输送某种油品时，规定进站油温为一定值。在其他参数不变的情况下，如果输量增加，一方面，管道沿线的热损失减少，出站油温变小，加热系统的燃料油消耗量下降；另一方面，随着流量的增加，摩阻损失增加，输油泵耗电量上升。从式（5-28）不难看出：输量的变化对燃油的影响体现在指数 $e^{\frac{K\pi D}{Gc}}$ 上，对电力的影响体现在 Q^{2-m} 上，说明输量变化对燃油的影响比对电力的影响幅度大，随着输量的增加，生产能耗的下降的趋势更为明显。

输量的安排对于油耗的影响体现，无法通过理论推导进行具体分析，对于电力消耗的影响，可以通过理论推导进行确定分析，进而确定最优电耗情况下输量的安排，具体分析如下：

假设将总输油任务为 $V_{总}$ 的油品分为两批次输送，即

$$V_{总} = V_1 + V_2 \tag{5-29}$$

完成 V_1 的输油任务用时 t_1，完成 V_2 的输油任务用时 t_2。在 $f_1 \approx f_2 \approx f$、$\eta_1 \approx \eta_2 \approx \eta$、$h_1^* \approx h_2^* \approx h^*$ 的情况下，完成 $V_{总}$ 的输油任务需要的能耗量为：

$$
\begin{aligned}
W_{总} &= \rho g (V_1 W_1 + V_2 W_2) \\
&= \frac{\rho g}{\eta} [V_1 (f l q_1^{2-m} + \Delta z + h^*) + V_2 (f l q_2^{2-m} + \Delta z + h^*)] \\
&= \frac{\rho g}{\eta} [V_1 f l q_1^{2-m} + V_2 f l q_2^{2-m} + (V_1 + V_2)(\Delta z + h^*)]
\end{aligned}
$$

分别以 V_1/t_1 和 $V_1/(t-t_1)$ 置换 q_1 和 q_2，以 V 置换 $V_1 + V_2$，整理得到：

$$W_{总} = \frac{\rho g f l}{\eta} \left[\frac{V_1^{3-m}}{t_1^{2-m}} + \frac{V_2^{3-m}}{(t-t_1)^{2-m}} + \frac{V(\Delta z + h^*)}{f l} \right] \tag{5-30}$$

$W_{总}$ 对 t_1 取导，得到：

$$\frac{\mathrm{d} W_{总}}{\mathrm{d} t_1} = -(2-m) \frac{\rho g f l}{\eta} \left[\frac{V_1^{3-m}}{t_1^{3-m}} - \frac{V_2^{3-m}}{(t-t_1)^{3-m}} \right] \tag{5-31}$$

令 $\mathrm{d}W_{总}/\mathrm{d}t_1=0$，得到极值条件为：

$$\frac{V_1}{t_1}=\frac{V_2}{t-t_2}=\frac{V_2}{t_2} \tag{5-32}$$

对 $\mathrm{d}W_{总}/\mathrm{d}t_1$ 再取导，得到：

$$\frac{\mathrm{d}^2W_{总}}{\mathrm{d}t_1^2}=(2-m)(3-m)\frac{\rho gfl}{\eta}\left[\frac{V_1^{3-m}}{t_1^{4-m}}-\frac{V_2^{3-m}}{(t-t_1)^{4-m}}\right] \tag{5-33}$$

因为 $\mathrm{d}^2W_{总}/\mathrm{d}t_1^2$ 必定为正，故 $W_{总}$ 的极小条件，写成一般形式则为：
$\dfrac{V_1}{t_1}=\dfrac{V_2}{t_2}=\dfrac{V}{t}$，也即是说，在均匀输量下能耗最少。

变输量的能耗增加率可用下述方法确定。

设 $\bar{q}$ 为均输流量：$\bar{q}=\dfrac{V}{t}$

从 $t_1+t_2=t$、$q_1t_1+q_2t_2=\bar{q}t$ 的关系可得到：

$$t_1=\frac{\bar{q}-q_2}{q_1-q_2}t,t_2=\frac{\bar{q}-q_1}{q_2-q_1}t \tag{5-34}$$

令 $q_1/\bar{q}=\alpha$，$q_2/\bar{q}=\beta$，则上述关系可写为：

$$t_1=\frac{1-\beta}{\alpha-\beta}t$$

$$t_2=\frac{1-\alpha}{\beta-\alpha}t \tag{5-35}$$

在 $f_1\approx f_2\approx f$、$\eta_1\approx\eta_2\approx\eta$、$\Delta z+h_{1,2}^*$ 可忽略不计的情况下，变输量输送的总功耗为：

$$W_{变输}=\frac{\rho gfl}{\eta}(q_1^{2-m}t_1+q_2^{2-m}t_2)$$

$$=\frac{\rho gfl}{\eta}\left[(\overline{\alpha q})^{2-m}\frac{1-\beta}{\alpha-\beta}t+(\overline{\beta q})^{2-m}\frac{1-\alpha}{\beta-\alpha}t\right] \tag{5-36}$$

而均量输送的总功耗为：

$$W_{均衡}=\frac{\rho gfl}{\eta}\bar{q}^{2-m}t \tag{5-37}$$

两者的比值 θ 为变输量输送的耗能增加率：

$$\theta=\frac{W_{变输}}{W_{均输}}=\frac{\alpha^{2-m}(1-\beta)-\beta^{2-m}(1-\alpha)}{\alpha-\beta} \tag{5-38}$$

取 $m=0.125$，不同 α、β 的 θ 值见表5-4。

表 5-4　不同 α、β 的 θ 值

α/β	1.1/0.9	1.3/0.8	1.5/0.7	1.7/0.6	2/0.5
θ	1.01	1.05	1.12	1.23	1.40

由上表可以看出：均匀输量下的电力消耗要小于变输量下的电力消耗。

2）运行油温的影响分析

根据式（5-28）可知：当输量和管输条件不变时，热能耗与进站油温成正比。因油温不同对原油比热容的影响不大，那么热能与进站油温近似呈线性关系变化。油温较高时，含蜡原油黏度较低且随油温变化较小，管输流体流态大多已进入湍流水力光滑区。摩阻压降与原油黏度的 0.25 次方成比例，故而管压或电能耗较低且随油温降低而缓慢增加。当油温较低，特别是接近凝点时，原油黏度随油温降低而急剧增加，而且管输流体流态有可能处于层流，使摩阻压降与原油黏度的一次方成比例，因此管道压力或电能耗随油温降低而快速增加，能耗变化趋势如图 5-4 所示。

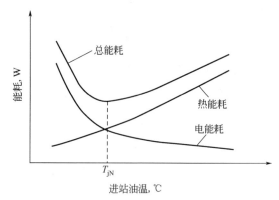

图 5-4　进站油温变化对总能耗影响的趋势

由热能耗和电能耗关系曲线的变化特征可知：油温较高时总能耗曲线受热能耗影响较大；油温较低时，总能耗曲线受电能耗的影响较大。因此，随着进站油温的降低，总能耗逐渐减小；当进站油温接近凝点的某一温度点时，电能耗的急速增加使总能耗不再降低而是开始增加。总能耗曲线拐点处的进站油温称为最小能耗进站油温 T_{jN}。当 $T_j > T_{jN}$ 时，随着进站油温的降低，热能耗和总能耗都减小；当 $T_j < T_{jN}$ 时，随着进站油温降低，热能耗减小，但总能耗增加。

在实际生产管理中，除考虑能耗量外，还会综合考虑降温或者降黏对综合能耗成本的影响。以某原油管线输量、地温大致相同的月份实际生产数据

为例，分析降温、降黏对生产能耗成本的影响，见表 5-5。

表 5-5　某原油管线同等输量下油电消耗量及耗能成本对比

工况	输量 10^4 t	燃料油消耗量，t	燃油价格，元/t	电力消耗量，10^4 kW·h	电力价格，元/(10^4 kW·h)	总能耗，tce	油电成本，10^4 元
1	29.8	1117.2	4633	322.7	8184	1993	781.7
	30.1	1257.7		308.5		2175	835.2
	-0.3	-140.5		14.2		-182	-53.5
2	40.7	1250.1	1528	434.2	7377	2319	511.5
	40.9	1407.8		401.4		2504	511.2
	-0.2	-157.7		33.0		-185	0.3

从表 5-5 中可以看出：第 1 组工况下，输量相差不大的情况下，该管线优化运行，降低运行油温，当量油同比减少 140.5t，而电力消耗同比增加 $14.2×10^4$ kW·h，总能耗降低 182tce，在表中所列举的油电成本单价的条件下，能耗成本同比降低 $53.46×10^4$ 元。

而在第 2 组工况下，当量油同比减少 157.7t，而电力消耗同比增加 $33.0×10^4$ kW·h，总能耗降低 185tce，但油电成本同比却增加 $0.3×10^4$ 元。

对比两组数据，高油价时，降低运行油温，对降低管线总能耗和油电成本都有积极的意义，且影响显著；低油价时，降低运行油温，能有效降低能源消耗，但是受低油价的影响，能耗总成本却有所增加。此外，通过进一步的计算可知，在其余参数全都保持不变的情况下，第 1 组工况，当油价高于 827 元/t 时，降温比降黏更经济，油价低于 827 元/t 时，降黏比降温更经济；第 2 组工况，当油价高于 1547 元/t 时，降温比降黏更经济，油价低于 1547 元/t 时，降黏比降温更经济。因此，具体到某一条具体的管线，应综合考虑油温变化对总能耗以及能耗成本的影响。

3）运行工时安排的影响

在某一给定输量下，工时的安排对输量的影响。以输送单位质量油品所需要的功作为比较标准。

$$W = \frac{flq^{2-m} + \Delta z + h^*}{\eta} \qquad (5\text{-}39)$$

式中　W——输送单位质量油品所需的功；

　　　f——摩阻系数；

　　　l——管线长度；

　　　Δz——输送高度；

　　　q——流量；

m——流态指数；

h^*——节流压头；

η——泵机组效率。

假如分别以时间 t_1 和 t_2 完成输量 V 的输油任务，则两者所消耗的能量之比为：

$$\frac{W_1}{W_2} = \frac{f_1 l \left(\dfrac{V}{t_1}\right)^{2-m} + \Delta z + h_1^*}{f_2 l \left(\dfrac{V}{t_2}\right)^{2-m} + \Delta z + h_2^*} \times \frac{\eta_2}{\eta_1} \tag{5-40}$$

近似认为 $f_1 \approx f_2$，$\eta_1 \approx \eta_2$，同时忽略高差与节流损失的影响，那么式(5-40) 可近似为：

$$\frac{W_1}{W_2} = \left(\frac{t_2}{t_1}\right)^{2-m} \tag{5-41}$$

这就是说，多工时比少工时节能。例如，若工时减半，则耗能增加2.67倍（取 $m=0.125$）。若 Δz 为正，耗能增加倍数相应降低；若 Δz 为负，耗能增加倍数相应增加。因此，在其他条件大体相同的情况下，应当采用多工时方案。

4）运行工艺变化影响分析

目前原油管道基本采用"密闭输油"工艺，全线作为一个密闭的水力系统，相对于"从罐到罐"和"旁接罐"输油工艺，有效降低输油过程中水力损失，减少电力消耗。热油管道输油站内采用"先炉后泵"的运行工艺，相对于"先泵后炉"的工艺，原油黏度降低，输油泵内摩阻降低，泵机组运行效率得到提升。且炉后加压，降低了加热炉运行压力，提高油流吸热效率。对于高含蜡原油，通常采用热处理输送工艺，先将含蜡原油进行加热，让原油中的蜡晶充分溶解，胶质以及沥青等杂质充分游离，然后快速冷却，最终改善含蜡原油的低温流变性，从而实现对含蜡原油的常温输送或是加热输送，有效降低高含蜡原油在输送过程的能耗。

对于高凝点、高黏度原油，在输送过程添加适当的化学添加剂，即降凝剂和减阻剂改变油品的低温流动性，从而达到降低能耗的目的。添加降凝剂降低燃油消耗实际上是改变油品的凝点，输送过程中降低油品的输油温度，来达到降低能耗的目的。添加减阻剂降低电耗实际上是减少油品在输送过程中的摩阻损失，从而达到降低电耗的目的。

此外，热油管道在运行过程中，为确保清管、热洗管线、管道内检测、下游维检修、停输动火等作业的安全，通常会适当调整输量以及输油温度，具体作业情况对能耗的影响可根据作业对运行参数的影响来进行分析。

三、成品油管道能耗影响因素

成品油输送过程中，能耗种类主要为电力消耗，且能源消耗随影响因素变化规律与常温输送原油管线基本相同。不同点在于，成品油管道大多多批次顺序输送油品，在某一时间点上，管道内存在多种类油品，不同管段油品物性不同导致不同管道的电力消耗会有所不同。

假设成品油管道一个循环周期内的输油任务为 G，输送 X 种油品，每种油品的输量为 $G_j(j=1-X)$，循环周期为 T。在一个循环中每种油品的输送次序见表5-6。

表5-6　油品输送顺序

1	2	...	$X-1$	X	$X-1$	...	2	1	2

假设管道沿线有 n 个管段，根据全线的分输情况可得知一个循环周期内每个管段中通过的油品种类和输量，计算油品通过每个管段需要的能量，由此计算整条管道的能耗。在本计算中，管段是指中间没有泵站、掺入点或分输点，且管径和壁厚保持不变的一段管线。

假设第 i 个管段的输量为 G_i，平均流量为 Q_i；第 j 种油品密度和黏度分别为 ρ_j 和 ν_j，所占输量比例为 k_j，则第 i 个管段的水力摩阻、局部摩阻和高差损失为：

$$H_i = \sum_{j=1}^{X} \beta \frac{Q_i^{2-m}\nu_j^m}{d_i^{5-m}}L_ik_j + \frac{8\varepsilon}{\pi^2 d_i^4 g}Q_i^2 + (Z_i - Z_{i-1}) \tag{5-42}$$

关于 β 和 m 的取值见表5-4。

管道沿线地形起伏比较大时需要判断翻越点，以翻越点的里程和高程计算管道能耗，假定泵机组效率为 η。

根据式（5-42）的推导过程，同理可以得到第 i 个管段输送所有油品需要消耗的电量为：

$$W_i = \frac{H_iG_ig}{3600\eta}$$

整条管线的能耗为：

$$W = \sum_{i=1}^{n} W_i$$

即

$$W = \sum_{i=1}^{n} \frac{G_i g}{3600\eta} \left[\sum_{j=1}^{X} \beta \frac{Q_i^{2-m} \nu_j^m}{d_i^{5-m}} L_i k_j + \frac{8\varepsilon}{\pi^2 d_i^4 g} Q_i^2 + (Z_i - Z_{i-1}) \right] \quad (5-43)$$

由于局部阻力占很小一部分，忽略局部摩阻的影响，整条管线能耗可表述为：

$$W = \sum_{i=1}^{n} \frac{G_i g}{3600\eta} \left[\sum_{j=1}^{X} \beta \frac{Q_i^{2-m} \nu_j^m}{d_i^{5-m}} L_i k_j + (Z_i - Z_{i-1}) \right] \quad (5-44)$$

由式(5-44)可以看出：对于大落差管道，电力消耗主要用于克服高程的影响，对于水平管线而言，影响成品油管道能耗的主要影响为：

（1）油品物性，主要为油品的密度和黏度；

（2）运行参数，主要为油品输量；

（3）管线参数，主要为管线里程、管径；

（4）设备参数，主要为泵机组效率。

成品油管道在顺序输送过程中，由于地温的变化会导致油品黏度随之发生变化，但是成品油黏度变化对电力消耗影响很小。此外，管道运行过程中不同汽柴比的安排和不同批次的安排会对管道内不同种类油品的输量占比带来影响，但是由于不同种类成品油物性相差不大，在总的输量保持不变的情况下，电耗受批次和汽柴比安排的影响不大，成品油输送过程中，电力消耗的主要因素就是输量和设备的效率。

出站调节阀节流的影响、化学添加剂以及计量误差对成品油输送过程中能耗的影响与原油管道基本一致。

第二节　主要节能措施

一、天然气管道节能措施

优化管网运行，提高生产效率，降低运行成本对企业降本增效和节能减排都有着重要的意义。在以往运行中，管道运营企业更注重管道运行安全，而忽视了管道运行效率。近年来，油气管道实施区域化管理后，原有单一管道水力系统的拆分进一步要求以整个管网为对象，以整体效益最大化为目标，优化管网运行，降本增效。过去，天然气管道调控操作经验的积累主要来自单条天然气管道。相比管网，单条管道日常操作较少，影响范围较小，工况恢复较快。天然气管道联网运行后，整个管网作为统一的水力系统，瞬态特性更加明显，一些简单操作都可能对整个管网运行状态产生影响，且很长时间都无法恢复稳定。因此，必须对天然气管网的节能措施进行细化，才能实现降低整体能耗的目的。在具体节能措施上按照自上而下的原则分别对管网、管道、站场、单台设备的计划或运行进行优化。

天然气管网运行优化技术就是以管网运行为研究对象，在满足管网运行各种工艺条件的情况下，通过采取管网运行仿真或最优化技术，改善运行工况，降低管网输送能耗，提高管网的输送能力以及运行效益。管网运行优化技术可以分为两种方式，一是利用天然气管道运行仿真技术，编制各条管道或各个区域管网在不同输量和不同开机方案下的运行方案库，对比各种方案的能耗率，优化管网气体流向以及开机方案，提高管道或管网的运行效益。二是采用最优化算法，以管道或管网运行能耗为优化目标，以管道或管网进出流量以及管道和压缩机站运行特性为约束条件，建立管道或管网稳态运行优化数学模型，再优选出合适的求解算法，进而直接获得一定条件下的能耗最低的开机方案，提高管道或管网的运行效益。

1. 优化管网输气计划

天然气管网调控运行要坚持最低能耗、最少成本和最大输量的理念。为此必须明确管道运行重点耗能设备，并进行合理配置，最终实现成本控制。管道运行能耗构成复杂，压缩机组运行耗能和管道摩阻耗能居于前列。压缩机组能耗占压气站运营总成本的 70% 以上，占管网能耗总费用的 90% 左右，控制压缩机组能耗是实现管网经济性的重中之重。

$$C = \sum Q_f \times P_f + \sum Q_e P_e \qquad (5-45)$$

式中　C——运行成本；

Q_f——机组自耗气消耗量；

P_f——自耗气结算价格；

Q_e——机组耗电量；

P_e——电价。

通过以上公式，结合同一输量台阶下的不同运行方案，可比选得出最经济的方案。管网在理想条件运行时，压力波动小，运行平稳。路由相近管道联合运行优于分列运行。优先利用大管径高压力等级管道输送高压天然气，通过提高输送天然气密度增加天然气压缩性、降低天然气流速，进而减小天然气与管道摩擦，降低管道与压气站综合能耗。在管道启机运行时，要合理确定机组配置和机组负荷。

调度日常工作中经常要短时间做出两项决定：①开启或关停哪台压缩机组；②何时增加或减小机组负荷。生产中，要优先考虑不同地区气价/电价差异导致的运行成本差别，结合机组所能提供的最大载荷，合理确定管道电驱/燃驱机组配置和机组负荷，确保运行压缩机组工况点处于高效率区间，无防喘阀或回流阀开启现象，实现最低成本运行。

根据本章第一节所述，管道输量对管道生产能耗的影响最为显著。因此，在考虑管道节能措施时，应该将对管网输气计划的优化作为最重要和最优先的考虑。输气计划的优化可以分别从编制和执行两个层面进行。

1）计划编制层面

天然气管网的输气计划以月度方案为主、辅以年度、冬季和临时性的调整方案等。月度方案的编制主要根据气源和用户的月度计划，以及各条管道的维检修作业计划，利用管道稳态仿真和优化软件，编制系统整体耗能最低（或能耗费用最低）的月度运行方案，优化资源和市场配置，协调各条管道维检修作业，合理安排机组运行，明确管道不同时间的优化控制点，如图5-5所示。

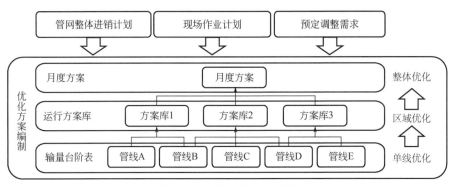

图5-5　月度方案优化示意

管网月度方案编制过程中，自下而上分为三个层次：单条管线运行方案、区域管网运行方案和整个天然气管网运行方案。利用管道仿真软件，建立天然气管网、区域管网和单管道稳态模型，分别进行分输量、分流向仿真模拟工况计算，编制可行运行方案，建立可行方案库。根据评估指标，例如能耗率、生产单耗或者单位周转量燃动力费等，对方案进行排序，优选出方案。不同管道组成区域管网后，通过在关键联络站进行转供，协调各管道间的流量分配，将多年运行工况总结成运行方案库并不断更新，使区域优化效果最佳；在此基础上，形成整个干线管网的月度方案，既满足了整体进销计划和管输任务的要求，也通过提前运行调整落实了现场作业的需求。综上所述，通过对单条管道、区域管网运行方案的优化实现了对整个天然气管网运行方案的优化。

2）计划执行层面

由于在实际执行过程中，气源和用户的实际供（提）气量与计划气量可能出现偏差，尤其是城市燃气用户更为明显，导致月度方案执行中存在一定的不确定性。因此，在执行层面，需要根据气源或用户已经发生的实际供气量及用气量，结合月度生产运行方案，预测未来一周各气源、各销售公司及重点用户的用气量变化趋势，以及大管网和区域管网（线）的管存变化情况，结合管道仿真和优化软件工具的计算结果，提前针对月度方案进行适度调整，以周为单位制订运行方案，优化周内管网的运行，如图5-6所示。

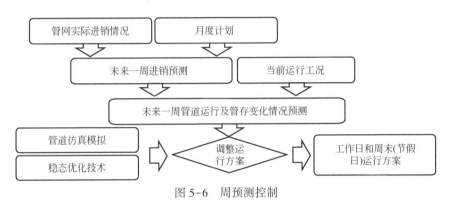

图 5-6　周预测控制

在此情况下，对进销和管存变化趋势的预测更加准确，根据管网实际运行情况，结合仿真模拟和优化技术，对月度方案进行适当调整，将整个管网控制在一个较优的运行水平。特别是针对一周内工作日和周末用户用气规律存在差异的情况，进一步制定出工作日和周末（或节假日）两套运行方案，实现对管网运行状况的有效跟踪与分析。

在更细化的层面，通过每日统计气源进气量、用户用气量和管存变化等详细数据，分析管网运行优化空间，结合对运行的实时监测，借助运行人员的经验、在线仿真模拟，以及指定时段（瞬态）优化等技术，提出具体、可操作的优化调整建议，通过调整管道之间的转供量，压缩机组的运行方式，保障管网的供销气量平衡和管存的稳定，实时优化管网运行，进一步降低系统能耗（图5-7）。

3）运行优化技术

对于天然气管网运行优化技术，大体上可分为稳态运行优化技术和非稳态（或称为瞬态）运行优化技术。稳态优化技术多用于运行方案的编制，指

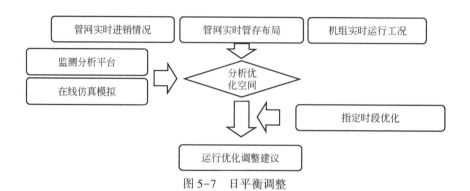

图 5-7　日平衡调整

导管网的生产运行。在实际运行时，天然气管网并非一直保持稳态运行状态，而是处于不断变化的状态。因此，稳态优化模型不能满足管网的实际运行，加之大型管网不仅本身结构复杂，其输入和输出的边界条件也十分复杂。此外，当管网发生故障，必然会采取措施来降低事故的影响，并尽快使管网达到下一个稳定的运行状态。这些工况都具有鲜明的动态变化特点。因此，管网瞬态优化应运而生。瞬态优化技术要解决的问题是在满足消费者需求的前提下，优化管网中气体的流动，使燃料气的消耗和启停压缩机的成本最小化。

通常输气管道的优化模型包括三个组成部分，分别为目标函数、约束条件和优化变量。瞬态运行优化问题主要有以下特点：

（1）目标函数与时间相关；

（2）决策变量随时间变化；

（3）管网中的约束条件，特别是管道流动方程必须采用偏微分方程组。

正是这些特点，使得瞬态运行优化模型中涉及的变量更多，求解更复杂。目前对天然气管网瞬态运行优化的研究较少，应用程度和影响比较有限。

随着天然气管道运行灵活性和复杂性的增加，稳态优化运行方法的局限性将会体现得越来越明显，而非稳态优化方法可以更真实地反应输气管道的运行工况，并针对不同的非稳态运行工况制定出实时的优化控制策略，保证输气管道系统安全、高效、可靠、节能、灵活地运行，并获得最大的经济效益。虽然国内外学者对输气管道非稳态优化问题进行了很多研究，但迄今还没有在输气管道的实际运行管理过程中得到很好的应用。主要因为输气管道非稳态优化运行模型变量数目多，且含有非线性、组合性和随机性因素，优化模型难于求解，同时缺乏高效的求解算法，而且部分非稳态优化数学模型与管道实际运行过程存在差异，导致优化模型所描述的输气管道系统中的非稳态水力、热力过程与实际不符，求解速度慢或无法得到全局最优解，因此非稳态优化运行方案往往很难用于指导管道实际运行。虽然目前非稳态优化运行技术尚未成熟，但是通过将不同优化算法相结合以提高求解效率，同时利用非稳态仿真软件验证非稳态优化运行方案的可行性等措施，仍可以灵活、充分地利用现有研究成果。

中国石油北京油气调控中心通过对复杂天然气管网指定时段（瞬态）优化和求解方法的分析调研，在现有天然气管网瞬态仿真模型的基础上，以降低系统能耗、提高管输经济效益为优化目标，建立天然气管网指定时段运行优化模型。该模型在给定系统瞬态初始工况后，以指定的时间段内（如24h）的管道运行情况为研究目标，分析解决该时间段内管道运行的优化问题，完成最优方案的求解，为调度人员提供最优运行调整方案。

通过建立瞬态运行优化数学模型，设定了包括目标函数、约束条件、边界条件在内的参数。以指定时段内的压缩机组能耗最低为优化目标，考虑动态工况下管道上下游的压力、流量、温度、分输量及最低进站压力、压缩机性能、压缩机启停操作等方面的约束条件，以随时间变化的压缩机开机方案、过流流量、进出站压力为决策变量，建立天然气管道瞬态运行优化数学模型。采用各种优化计算方法，对模型进行求解，最终得到使燃料气消耗达到最低的优化解。经过优化计算得到指定时段内的最优运行方案，包括随时间变化的压缩机开机方案，压缩机转速、功率、效率、进出站压力、温度等参数，大幅度提高天然气管网的调控运营水平。

2. 优化管道运行方案

相较于复杂的管网，对某条管道来说，优化其运行方案的难度显著下降。各压缩机站单台压缩机的运行效率以及整个管道压缩机组的配置，都直接影响站场及整个管道能耗水平。例如在同等输量的条件下，可通过减少压气站和压缩机组的开启数目或通过调整开机组合，来实现降低管道能耗的目的。

1）优化开机方案

针对单条管道，依据运行经验将输量按台阶划分形成输量台阶表，每个输量台阶下都有较优的全线压力分布和开机方案，以支撑上层区域管网和干线管网的月度方案。

仍以A管道系统为例，当CS1压气站进气量为$1150\times10^4\mathrm{m^3/d}$时，可以采用四种开机和运行方案，见表5-7。

通过分析得出：1150D方案是启机方式中能耗率最低的，同时也是运行成本最小的，其启机方式2100，即CS1压气站启双机运行、CS2压气站启单机运行，共启用3台机组。根据优选能耗率小的运行方式原则，方案1150D是较优的运行方式。

表 5-7　管道系统 1150×10⁴m³/d 输量运行参数

运行方式代号	总功率，kW	能耗率，%	总耗气，10⁴m³	参考成本，10⁴ 元	机组台数	启机方式
1150A（分列）	18573	1.36	15.67	27.1	4	Ⅰ线：1111 Ⅱ线：光管
1150B	15851	1.13	13.05	22.6	3	0210
1150C	12745	0.92	10.60	18.3	3	2010
1150D	10413	0.81	9.32	16.1	3	2100

此外，如前文所述，燃驱和电驱机组的选择也会对能耗产生明显的影响，在进行管道运行方案优化时，必须考虑燃驱/电驱机组配置安排，需要根据电价和自耗气价格变动随时调整管道运行的优化启机方式，分别以"节能"或"降本"为优化目标，在"运行方案库"的编制过程中对燃驱和电驱机组的配置予以考虑。下面选取某管道的三座压气站的实际运行数据进行对比说明，其中 1 号站机组为电驱，其余两站为燃驱机组，见表 5-8。

表 5-8　燃/电驱机组耗能统计对比

时间	1 号压气站（电驱）			2 号压气站（燃驱）	3 号压气站（燃驱）
	耗电量，10⁴kW·h	当量值折算，10⁴m³	等价值折算，10⁴m³		
1 日	105	10	26	29	31
2 日	105	10	26	30	31
3 日	105	10	26	30	32
4 日	102	9	25	29	31
5 日	103	10	25	29	31
6 日	101	9	25	28	31
7 日	101	9	25	29	31

按照热力当量值折算，电驱站场的耗能仅约为燃驱站场的 1/3，启燃驱机组的节能降耗效果显著（但如果按照热力等价值折算，电驱站场的耗能约为燃驱站场的 5/6，电驱机组节能优势将不再明显）。如果考虑能耗成本，以耗电单价 0.65 元/kW·h，自耗气单价 1.2 元/m³ 核算，电驱站场的能耗成本约为燃驱站场的 1.8 倍。

2）优化运行调整

在管道输量和流向（分输和转供）确定的情况下，优化管道运行方式主要是通过调整机组运行工况，优化管网关键节点的运行压力以降低天然气管网能耗。具体包括：

（1）首站优化：严格控制管道首站进站压力在合理范围内，确保资源按计划进气，尽可能利用气源压力。

（2）中间压气站优化：根据输量要求合理调节压缩机组运行状态，确保压缩机组运行处于最优工况。

（3）联络站优化：控制天然气管网关键转供节点的运行压力，在确保转供任务完成的同时，尽量减少节流损失。

（4）分输站优化：针对分输压气站，采用压缩机进口汇管向用户分输，在降低压缩机负荷并降低能耗的同时，避免分输压降过大所带来的冰堵风险；针对分输站，在保证用户分输需求的条件下，尽可能降低分输站的分输压力。

（5）末站优化：合理控制管道末站进站压力，在满足每日压力波动要求的同时，尽量降低管道运行压力。

上述几点中，对压气站运行的优化尤为重要，作为站场中的主要耗能设备，压缩机组运行状况的好坏直接决定着管网系统能耗水平。确保机组在高效区运行能够有效降低管网系统能耗。具体措施包括：

（1）运行中要确保压缩机组要具备一定的上、下调节能力，确保在单个机组出现故障的情况下，其上、下游机组还能有一定的调节余量，以降低机组失效对全线运行的影响。

（2）运行压气站要保持备机完好，在机组出现故障的情况下，能很快恢复本站运行，使全线工况能较快得到恢复。

（3）利用仿真软件模拟，根据输量大小合理选择各站不同类型的运行机组，输量低时启用小功率机组，输量增大再切换为大功率机组，确保运行机组工况在合理范围内。

（4）根据系统进出气量以及工艺和现场条件，优选启用电驱机组或燃驱机组。

（5）实时监控各压缩机组运行工况，通过分析机组运行综合效率，对运行效率低的机组做出及时调整，如图5-8所示，经过调整，该压缩机的工况点在图谱上向左上方移动，压缩机效率得到了提升。

3）优化软件应用实例

在实际运行过程中，可以通过管道运行优化软件来控制各个压气站的运行情况，从而在保证输量需求的基础上提升管道效率。以美国CNG管道公司（CNGT）（Pittsburgh-based Consolidated 天然气公司的子公司）的管道运行优化案例进行说明。

该公司管辖超过16000km的管道，包括68座压气站和15座储气库，其管辖的TL-400管道约400km，包括多个进气点和出气点，并设有6座压气站（图5-9）。

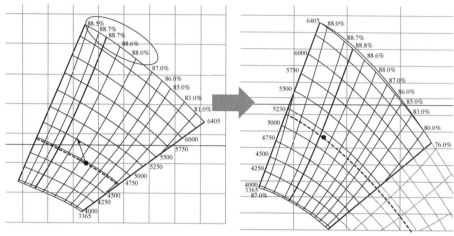

图 5-8 压缩机工况优化调整

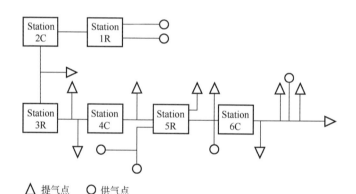

△ 提气点　○ 供气点

图 5-9　TL-400 管道

C—离心式压缩机；R—往复式压缩机

该优化项目设定了两个优化目标，分别是：

（1）在管道上所有的供给点都必须满足供气合同上规定的气量和最低供气压力；

（2）在满足排放标准的同时，达到最低的燃料气、运行和维护成本。

上述目标往往很难同时达成，一方面，在运行调度方面，通常希望保持机组平稳运行在高效区，然而这对整个系统来说也许并不是最优的选择（也无法认定是否最优）；另一方面，对管道运行企业而言，合同的履行必然比节能降耗更加重要，因此在指定复杂多变的情况下，机组调整频繁，机组耗能的理论最小化也就很难做到。

为了达到以上目标，CNGT 公司针对 TL-400 管道开发了优化模块，该优化模块包括三部分：

（1）稳态模型：能够通过整条管道的运行参数准确预测单台压缩机组在运行和启停机时的能耗。

（2）优化引擎：基于线性和非线性规划的优化算法，能够有效检测满足合同要求的所有可行的运行方案。

（3）图像界面：将优化程序展现给调度操作人员。

在控制方案的设定中，模型针对三种不同工况设定控制目标，以达到管道的最优工作状态：

（1）正常工况：保持管道最优压力曲线。

（2）过渡工况：平稳处理日指定的变化。

（3）事故工况：自动处理压缩机停机事件。

该优化模型在 1998 年开始应用于实际生产，至 1999 年已经能够完全满足日常调度运行需要，图 5-10 至图 5-12 展示了在某日的运行中，由优化计算模型介入调度工作而产生的能耗降低情况。

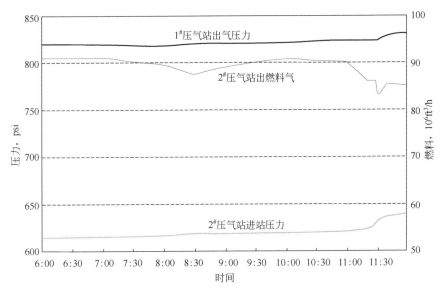

图 5-10　TL-400 管道压气站 1# 与 2# 运行情况 （1psi＝6.9kPa）

从图 5-10 至图 5-12 中可以看出，6：00 引入优化模型对系统进行辅助操作后，经过 4h 的工况过渡，系统达到了一个新的高效工况，压气站 2#、3# 和 4# 的能耗分别降低了 7.68%、18.78% 和 13.33%，节能效果十分显著。

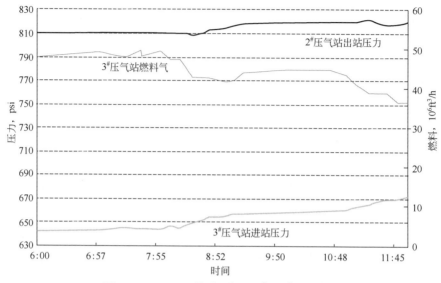

图 5-11　TL-400 管道压气站 2# 与 3# 运行情况

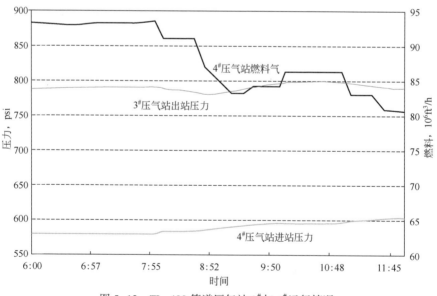

图 5-12　TL-400 管道压气站 3# 与 4# 运行情况

3. 优化单体设备节能

天然气干线管道站场主要的单体设备有天然气压缩机组、空气冷却器、空气压缩机，分输站一般配置有水套炉。下面主要介绍天然气压缩机组、水套炉的单体设备节能。

1）压缩机组节能

天然气压缩机组根据不同的原动机驱动方式分为燃气轮机驱动压缩机组、电动机驱动压缩机组、燃气发电机驱动压缩机组。各类压缩机组节能监测评价项目与指标要求见表5-9。

表5-9　天然气压缩机组节能监测项目与指标要求

机组运行方式	驱动机功率，MW	监测项目	评价指标	数值，%
燃气轮机驱动离心式压缩机组	$D<10$	机组效率	限定值	≥23
	$10\leqslant D<25$			≥24
	$D\geqslant25$			≥25
电动机驱动离心式压缩机组	$D<10$	机组效率	限定值	≥73
	$10\leqslant D<25$			≥74
	$D\geqslant25$			≥75
燃气发动机驱动往复式压缩机组	$D<5$	机组效率	限定值	≥22
	$D\geqslant5$			≥24
电动机驱动往复式压缩机组	$D<5$	机组效率	限定值	≥72
	$D\geqslant5$			≥74

节能监测机构依据不同的驱动机功率和驱动方式对机组效率进行合格与否的评价。按照表5-9的限定值，集团公司管道节能监测中心对中石油管道有限责任公司下属全部长输天然气管道站场各类压缩机组进行评价，2012—2016年的平均能效监测情况如图5-13至图5-15所示。

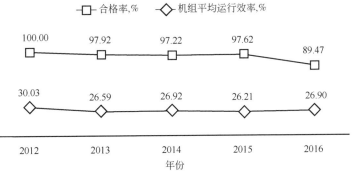

图5-13　2012—2016年长输管道燃气轮机离心压缩机组能效监测情况

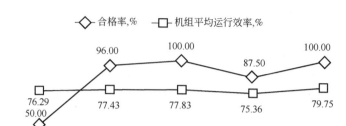

图 5-14　2012—2016 年长输管道电驱离心压缩机组能效监测情况

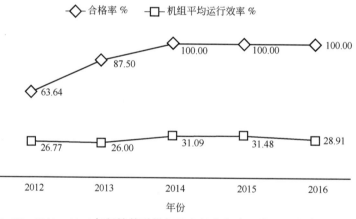

图 5-15　2012—2016 年长输管道燃气发电机往复式压缩机组能效监测情况

往复式压缩机组效率不合格的主要原因是增压幅度小，压缩机做的有用功少，压比和同类机组相比偏低，导致其效率偏低。从节能运行的角度，天然气压缩机组单台设备应尽量运行在高转速区，保持高压比，保证机组运行在高效区。

对于较大规模的燃气轮机驱动机组，目前有三种节能技术。一是开展余热发电，利用燃机尾气通过余热锅炉产生高温蒸汽，通过蒸汽轮机发电机组发电，提高燃机整体的能源利用效率；二是加装余热锅炉，利用从燃气轮机排出的高温烟气热量对水进行加热，对站内生产及生活设施进行伴热，减少站场能量消耗；三是采用燃气轮机空气进气冷却技术提高燃机效率。

（1）燃机余热发电。燃气轮机驱动的站场，燃气轮机铭牌效率仅为38%~44%，大部分能量以热能的形式散发，燃气压缩机排烟温度较高（高达420~500℃），能源浪费严重。可以利用燃气轮机的烟气余热进行发电，供附近地方电网使用，经济效益明显。燃机余热发电技术工作原理如图5-16所示。

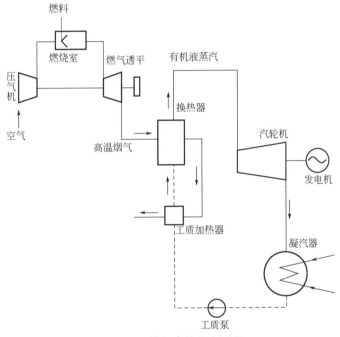

图5-16　燃机余热发电原理

据估算：一台30MW的燃驱机组正常运行时，利用其排烟余热可产生的电量达7MW，按照电价0.8元/（kW·h）计算，燃气轮机每天运行24h，全年运行10个月，该站燃气蒸汽联合循环系统每年可发电$0.504×10^8$kW·h，折合电费$0.4×10^8$元，机组的综合效率可提高至50%~60%。排烟温度从之前烟气直排的500~600℃降低到余热发电后烟囱排出的140~160℃。

此外，可以将产生的电量折算成标准煤量，按照国际相关规则进行碳汇交易。根据理论热值计算方法，一台燃气蒸汽联合循环系统每年发电量相当于减排$1.54×10^4$t二氧化碳、$0.42×10^4$t碳、465t二氧化硫、232t氮氧化物。以西部管道公司霍尔果斯压气站燃驱压缩机余热发电项目为例，发电量$0.66×10^8$kW·h/a，折算成标准煤量8111tce/a相当于减排56760tCO_2，产生经济效益$1980×10^4$元/a。

目前国内燃驱站场已大范围开展该项目，余热发电项目均按合同能源管理方式合作，由节能服务公司投资建设、运营管理，油气管道企业不用投入相关费用，节能公司的投资由发电外供上网后获得的电价收益进行回收，油气管道企业也会获得电价收入的一小部分。

（2）余热锅炉。燃气轮机驱动的压气站，安装余热换热系统，余热利用系统主要由余热锅炉和换热器组成，余热锅炉利用燃气轮机排出的高温烟气将水加热，除提供站场生活需要外，还通过换热器将热水与燃料气橇进口天然气换热，加热燃料气，减少站场运行能耗。某天然气管道两个安装余热锅炉站场的节能算例见表 5-10。

表 5-10　某天然气压气站余热锅炉节能量计算

站场	单位	某 1 站	某 2 站
设备型号		EGS1.2-0.8/95/70-FF	
环境温度	℃	4	-8
烟气进炉温度	℃	353	367
烟气出炉温度	℃	80	105
热水回炉温度	℃	63	57
热水出炉温度	℃	85	79
热水温降	℃	22	22
循环热水量	t/h	66	88.19
风门挡板开度	%	65	96
引风机开度	%	85	64
热水获得的热量	kJ/h	6098400	8148756
电机耗电	kW	55	55
节能量	kW	1639.00	2208.54
节省的耗气量	m^3/h	172.46	232.40

在扣除循环水泵和引风机电机消耗的功率后，某 1 站余热锅炉产生节能量 1639kW，WKC3 站余热锅炉产生节能量 2208.54kW，分别对应节省燃料气 172.46m^3/h 和 232.40m^3/h，完全满足站内生活和生产需要。

加装余热锅炉投资少，工程简单，但是站场使用的热能有限，因此只能利用烟气的一小部分，大部分烟气还需要开发其他利用方式。

（3）燃气轮机空气进气冷却技术。燃气轮机的效率和输出功率与空气进气温度密切相关，当环境温度升高时，空气密度减小，进入压气机和燃气透平的空气质量减少，使得燃气轮机的出力下降；环境温度升高还会使压气机的压缩比降低，致使燃气透平的做功量减少；环境温度升高的同时压气机的耗功也在增大，从而导致燃气轮机的出力进一步下降。据研究估算，环境空气温度每升高1℃，其输出功率下降接近1%。索拉 Titan 130 型燃气轮机理想状态下效率和输出功率随环境温度的变化关系如图5-17所示。

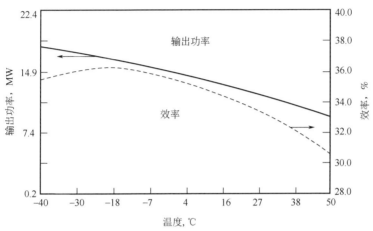

图 5-17　燃机效率和输出功率随环境温度的变化关系

从图5-17中可以看出，在温度为-18℃以上的使用环境下，随着温度的升高，燃气轮机的效率和输出功率均呈现下降趋势。

当前，降低燃气轮机空气进气温度的冷却措施主要有以下几种：蒸发式冷却、表面式冷却、电制冷、冰蓄冷、溴化锂制冷。对于处于干旱、沙漠地区边缘的天然气站场，夏季温度高、湿度小，采用蒸发式冷却方式是最理想的方式，下面将重点对蒸发式冷却进行介绍。

燃气轮机进气蒸发冷却系统中蒸发冷却是指直接蒸发冷却，是利用水在空气中蒸发时吸收潜热来降低空气温度，在焓湿图上表示为等焓加湿过程，理想状态下，空气在等焓加湿后可达到湿球温度。当未饱和空气与水接触时，两者之间会发生传热、传质过程，空气的显热转化为水蒸发时所吸收的潜热，从而降低空气温度。所使用的水可以是循环水，也可以是直流水。其工作原理如图5-18所示。

进气蒸发冷却系统由湿帘、布水器、除水板、水箱及一些附属设备组成。其工作原理是：经全膜法处理后的冷却水经阀1调节送至湿帘顶部的布水器后均匀地洒在湿帘表面，由于重力作用冷却水自上往下如水帘洒下。空气首先经过滤器过滤，除去杂质，然后再进入蒸发冷却装置，与湿帘中自上而下的冷却水进行热湿交换。部分水因吸收空气的显热蒸发后变成水蒸气，未蒸

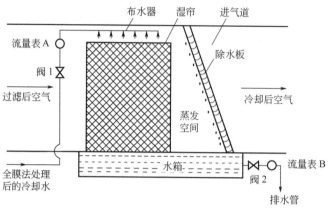

图 5-18　进气冷却技术工作原理

发的水流回水箱，排出后用于其他用途。空气因失去显热而温度降低，同时因融进了部分水蒸气而使其相对湿度增加。空气与水蒸气的混合物流向下游的除水板，其中的小水滴和部分水雾在除水板上凝结成大水滴，并在重力的作用下落入水箱，降低了进气的携水率，减少了压气机因进气空气水量增加而导致的负荷消耗；同时空气中的微小尘埃也随水滴落入水箱，淋洒下来的冷却水对空气还起到了水洗除尘的辅助效果，避免了进气中的微量杂质对燃气轮机叶片的腐蚀。

如果机组效率下降是由于环境温度过高引起的，则可以采用燃气轮机空气进气冷却技术，以提高机组效率。

2）水套炉节能

水套炉加热原理就是天然气在火筒中燃烧后，产生的热能以辐射、对流等传热形式将热量传给水套中的水，使水的温度升高，水再将热量传递给盘管中的天然气，使天然气获得热量，温度升高。水套加热炉由火筒、烟管、前烟箱、后烟箱、筒体、膨胀水槽、防爆门、烟囱、燃烧器等组成，采用外保温结构，如图 5-19 所示。

水套炉的设计压力为常压，系统坚固耐用、自动化程度高，并且由于其燃料天然气经燃烧后产生的烟气较清洁，因此水套炉在天然气分输站有着广泛的应用。随着水套炉使用量的增大，耗气量的大小直接影响节能减排及经济效益。影响水套炉自耗气量的因素除了燃烧方式，还有现场操作水平。在输气站的生产现场，为了防止水合物的形成，水套炉的出口温度往往设置较高，经过节流降压后也远远超出水合物形成温度，这造成了很大的燃料浪费，从而增加了水套炉的自耗气量和温室气体排放量。通过站场运行参数确定合

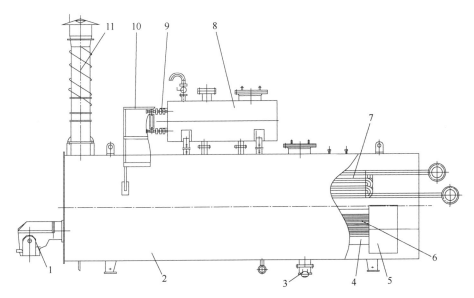

图 5-19　水套炉结构

1—燃烧器；2—筒体；3—防爆门；4—火筒；5—后烟箱；6—烟管
7—盘管；8—膨胀水槽；9—液位计；10—梯子平台；11—烟囱

理的加热温度，可以降低能源消耗，减少温室气体的排放。其他节能技术包括：采用热管技术，提高换热系数；选择合适的自动化燃烧器，保证雾化燃烧效果；适当提高水套炉的工作压力，提高温差，增加传热效率，提高运行效率；保证炉前段设备的脱水效果；应用烟气余热回收装置；加强司炉工技术培训。

二、原油管道节能措施

　　管道输送过程不对所输介质进行任何加工，因此不增加所属介质的使用价值，管道运输的产值主要表现为运费。运费又是在计算可变成本及固定成本的基础上形成的。管道输送的可变成本主要由输送过程中的动力费用（电费）和热力费用（燃料费）组成，这两项费用综合又称为总能耗费用，它随输量及输送工艺变化而变化。

　　1. 优化工艺方案

　　对于高凝点、高含蜡、高黏度原油的输送工艺选择，应综合考虑热处理输送工艺、加剂输送工艺以及加热输送工艺等能耗情况。在选用热处理输送工艺时，虽然有效降低管道输送油温和油品低温流变性，但是首站进行热处理时，热处理过程增加热力消耗。在选用加剂输送工艺时，虽然降低热力和电力消耗，但是增加了化学添加剂的成本。采用加热输送时，增加了热力消耗，但是相应地改变管道沿线油品的流动性，减少了摩阻损耗。因此，在选用输送工艺时，在保证安全运行的前提下，应综合考虑油品综合热处理能耗、添加化学添加剂成本以及电力消耗变化情况，在加热、加剂、热处理等方法中选择能耗成本最低的方式即为最优运行工艺。

在研究管道优化运行时，首先要进行系统分析并建立数学模型，然后求解该数学模型，寻求最优解。优化分析的数学模型由目标函数及约束条件组成。管道运行方案是否经济，可用总能耗费用作为衡量指标，费用最低的便是所寻求的最优方案。因此，描述管道最优运行方案的数学模型可简单的表述为：

$$\min S = (\sum S_{pi} + S_{Ri})$$

式中　　S——管道运行总能耗费用，万元/a；

　　　　S_{pi}——管道输送时的动力费用，万元/a；

　　　　S_{Ri}——管道输送时的热力费用，万元/a。

约束条件有：热力条件约束、水利条件约束、管道强度约束和输油泵特性约束等。满足这些约束条件的最优解就是寻求的最优运行方案。

由于输油管道的优化是一项十分复杂的工作，面对频繁的输量和环境条件变化，仅靠简单的人工计算是难以完成的，现代计算机技术及数值计算方法为管道优化提供了有力的手段。由此而产生的各种数学模型优化软件已在管道运行中使用，收到了良好的效果。

这里不对管道优化数学模型的建立和求解进行详细的讨论，而是从几个侧面讨论管道的优化问题。

当管道输量一定时，出站温度确定以后，进站温度即已确定，二者间的函数关系遵守轴向温降公式。由此不难看出，通过优化技术确定经济出站温度，那么进站温度也是经济的，反之按照所输介质凝点确定经济进站温度后，根据历年管道运行积累的管道沿线散热情况计算出的上一站的出站温度也是经济的。

在长输管道的生产成本中，运行费用占有很大比重，直接影响着管道的运行效益。我国大部分油田所产原油属"三高"（高凝点、高黏度、高含蜡）原油，管道输送这些原油时大多采用加热降黏的输送方法，因此输送原油的管道总能耗费用主要体现在输油泵的动力费用和原油加热所耗的热力费用上，输油站的出站温度对管道的动力费用和热力费用的影响很大，因此在原油管道的运行管理过程中，确定经济出站温度是一项重要的管理工作，下面从两个方面讨论如何确定经济出站油温。

1）全线没有节流损失时经济出站油温的确定

当出站温度变化时，管道沿线的黏度及原油在管道流动时所需克服的摩阻随之变化。这时管道运行的理想工况是在经济出站油温下，整个管道不存在节流损失，否则，此经济出站温度就会大打折扣。当管道配有变速电机时这种理想工况是可以实现的。没有节流损失的经济出站油温的确定过程如下：在可能的出站油温范围内计算出沿线各出站油温所对应的动力费用及热力费用，然后在直角坐标中做出动力费用和热力费用曲线，这两种曲线相加可得到总能耗费用曲线，如图5-20所示。

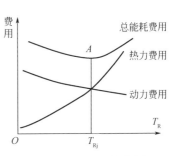

图5-20 进站油温与能耗费用的关系

由此不难看出，热力费用随出站温度的升高而增加，而动力费用则随出站温度的升高而减少。为此我们不能一味地提高出站油温以获得较低的动力费用，往往提高出站油温所节约的动力费用远小于热力费用的增加值，反之亦然。我们所追求的优化方案是在综合考虑动力费用与热力费用的基础上，总能耗费用最低，在图5-20所示的总能耗费用曲线上最低点A，所对应的横坐标就是经济出站温度T_{Rj}。

对于多个输油站组成的密闭管道，影响出站油温的因素较多，各站的经济出站油温也可能不相等，整个计算过程较为复杂，这些问题可以利用计算机技术进行计算。但这里所讲的基本思路是不变的。

2）输油泵无调速装置时经济出站油温的确定

当泵无调速时，各不同进站温度下的油品在管道中流动时所需的压降不一定与输油站所提供的扬程相匹配，可能存在节流，这时从工艺角度来看，确定经济出站油温是非常困难的。简便且行之有效的方法是首先确定没有节流情况下的经济出站油温。如果此经济出站油温下管道的压降正好等于输油站提供的扬程，说明该经济出站油温是所希望的结果，这时的运行费用最低，但实际运行中较难实现。如果在该经济出站温度下，输油站存在节流，说明前面所求的总能耗费用不是真实的结果，这时实际总能耗费用应是计算的总能耗费用加上节流所耗的费用。因此，该经济出站油温就不经济了。如果在该温度下，管道压降处在n和$n+1$台泵所提供的扬程之间，可以采用以下几种方案来弥补由于节流带来的运行费用上升。

方案1：当输量保持不变时，降低出站温度，增加油品在管道中摩阻损失，使其刚好等于$n+1$台泵所提供的扬程。这实际上是用节流的那部分压能弥补油温降低所增加的摩阻损失，使热力费用降低。因而该方案比计算的经济温度下运行 $n+1$ 泵的方案要经济。

方案 2：保持输量不变的情况下运行 n 台泵，提高出站油温降低管道压力，并使其刚好等于 n 台泵所提供的扬程，这时增加了热力费用，但消除了节流，降低了动力费用。

方案 3：保持出站温度不变，在一定时间内按一定的比例天数交替运行 n 台泵和 $n+1$ 台泵方案，并刚好完成总输油任务，这时 $n+1$ 台泵运行时，对应的输油量为 Q_E，n 台泵运行时对应的输油量为 Q_F。

以上三种方案中究竟采用哪种，应通过分析比较确定。选择方案时需考虑出站油温的允许范围，例如：方案 1 中，降低出站温度要考虑下一站的进站油温是否满足凝点要求；方案 2 中，提高出站温度要考虑管道防腐层所允许的温度；方案 3 中，n 和 $n+1$ 台泵交替的天数受首末站罐容量的影响，若罐容量小，造成交替频繁，导致泵频繁启停。总之各种方案都有优缺点，要求管理人员在方案比较中要全面考虑，周密确定运行方案。

3）经济清管周期的确定

当管壁积蜡时，介质流通面积减小，输送能力降低，为保持输量不变就需增加输油泵的扬程，因而动力消耗增加。对于一条设计合理的管道，管道输送能力一般都有一定的余量，允许一段时间内管壁积蜡。在管道运行管理过程中，为提高经济效益，避免盲目清蜡，往往需要确定经济清管周期。此时需考虑以下因素：

因素 1：清管周期内的动力费用及热力消耗（对于原油的管道来说，积蜡层较厚时热阻增加，热力费用降低，动力费用升高）。

因素 2：清管作业时的总费用，包括清管器的维修、更换费，清管作业费，驱动清管器移动而增加的动力费，清管过程中及清管后增加的热力费用。

将上述两项费用之和折合成每输一吨油所需的费用 S，S 最低所对应的清管周期即为经济清管周期。

对于在低输量下运行的管道，管道存在严重节流时，积蜡层的存在，在某种程度上起到保温作用，减少热力损失及热力费用，而因积蜡层增加而引起的管道摩阻并未增加动力费用，只是利用了节流损失中的部分能量克服所增加的摩阻损失。理想状态是因积蜡而造成的摩阻损失刚好使管道处于无节流的运行工况，但这时需注意的是管道是否进入不稳定区运行。

4）输油泵的匹配

一定时间内的输油任务确定以后，以单一流量运行，管道运行平稳，流程切换操作大为减少。这种情况下，即使工况参数是通过优化方法确定的，其结果也不一定是最优的，因为在单一的输量下，全线泵机组的搭配组合难以完全消除节流损失，若在这一段时间内考虑多种流量组合往往可得出更优的运行方案。

输油管道的首末站一般都设有一定容量的油罐群，可用来调节油田或终点用户需求的不均衡性，这正好为制定多种流量组合提供了方便。假如上级下达的输油任务是 N 天之内完成 M 吨原油的输送，不难算出平均流量 Q，进一步分析可确定在流量 Q 下有无节流损失或节流的程度。如果没有节流或节流幅度很小，管道可在流量 Q 下运行；如果存在节流，可从各种泵搭配组合方案中选取两种工作点流量最接近流量 Q 的方案，假设各自的工作点流量为 Q_1 和 Q_2，并且有 $Q_1<Q<Q_2$，管道在 Q_1 下运行 N_1 天，在 Q_2 下运行 N_2 天，所确定的 N_1 和 N_2 天数必须保证在 N 天之内完成上级下达的输油任务。数学关系可用下式表示：

$$N_1+N_2=N$$
$$N_1Q_1+N_2Q_2=NQ$$

求解该方程组可得：

$$N_1=N(Q_2-Q)/(Q_2-Q_1)$$
$$N_2=N(Q-Q_1)/(Q_2-Q_1)$$

这样，管道可保证以最小的节流甚至没有节流的工况下运行。如果管道运行的输油泵台数少，两种运行方案下的流量相差大，这时要检查这两种运行方案下的泵是否偏离了高效区，如果偏离则要考虑泵效率的影响。

开式输油管道单站成为一个水力系统，每站输油泵的组合方案独立考虑。每站设置的泵数只有几台，其组合方案较少。密闭输油管道可将全线作为一个水利系统进行泵的组合，方案比开式输油管道多，合理组合方案的确定过程复杂而困难，确定输油泵组合方案时一般使用动态规划的方法，这里不对此做进一步讨论，只用 3 个简单的例子说明这个问题。

案例 1：在组合输油泵运行方案时，节流小的方案不一定是最优的，这是因为输油泵效率不同所致（若输油泵效率相同就没了此问题）。例如：在某输量 Q 下，一台泵扬程 $H_1=150m$，效率 $\eta_1=80\%$，而另一台泵在相同输量下的扬程 $H_2=140m$，效率 $\eta_2=73\%$。油品以流量 Q 在管道流动时所需克服的压降是 130m，不难看出，这两台泵都能独立完成输油任务，使用第一台泵节流 20m，而使用第二台泵节流 10m，但考虑效率后第一台泵所消耗的功率为：

$$N_1=\frac{\rho gQH}{\eta_1}=\frac{150\rho gQ}{80\%}=187.5\rho gQ$$

第二台泵消耗的功率为：

$$N_2=\frac{\rho gQH}{\eta_2}=\frac{140\rho gQ}{73\%}=191.8\rho gQ$$

$N_2>N_1$，所以尽管第二台泵节流小，但由于其效率低而造成所消耗的功率比第一台泵大。因此确定输油泵的组合方案时，要综合考虑并以所耗功率最小为目标。

案例2：不同地区的电力、燃料价格差对泵的组合方案也有影响。在我国现行的能源政策下，各地区的电力、燃料价格不一，甚至相差较大。输油管道距离长，跨越不同的地区，对于密闭输油管道在安全运行的前提下，电价低的地区可多开泵，燃料价格低的地区可适当提高油温，降低电耗。最大限度地利用价格差提高经济效益，降低输油成本。从管道系统整体优化来看，能源价格差的利用往往受到限制。

案例3：在选择泵的组合方案时，虽然全线作为一个水力系统，但最优方案不一定是可行的，需要在所有可行方案中选取最优的。例如：管道有两个输油站组成，每个站有3台串联泵，假设这6台泵在任务输量下所能提供的压力都是1.5MPa，第二站所有泵效率都比第一站的泵效率高，如果任务输量下所需压头为7.4MPa，因此共需5台泵串联。确定组合方案时很容易得出第一站运行2台泵，第二站运行3台泵费用最少，如果两个站间距基本相等，计算可得第二站的进站压力大约为－0.75MPa，而泵的入口真空表压为－0.1MPa，第二站根本无法正常工作，这时只能选择第一站3台泵运行，第二站2台泵运行，虽不是最优的，但是可行的。在对密闭输送管道进行优化时还受到出站压力的限制，在此就不举例说明了。

2. 优化单体设备

原油管道主要耗能设备有原油泵机组、加热设备。

1）原油泵机组节能

原油泵机组监测评价项目与指标要求见表5-11。

表5-11　原油泵机组节能监测项目与指标要求

监测项目	评价指标	85≤Q≤200	200<Q≤400	400<Q≤600	600<Q≤800	800<Q≤1000	1000<Q≤1500	1500<Q≤2000	2000<Q≤3000	Q>3000
机组效率,%	限定值	≥54	≥58	≥62	≥65	≥67	≥69	≥70	≥71	≥72
	节能评价值	≥58	≥62	≥66	≥69	≥71	≥73	≥73	≥74	≥75
节流损失率,%	限定值	≤10								

注：Q 为泵额定流量，m^3/h。

2012—2016 年，集团公司管道节能监测中心对中石油管道有限责任公司下属各条原油管道的原油泵机组共测试 424 台。按照上表进行评价，总体合格 160 台，合格率 37.74%。在各分项评价中，机组效率合格 206 台，合格率 48.58%；节流率合格 236 台，合格率 55.66%。其中，主要评价指标机组平均效率变化曲线分析如图 5-21 所示。

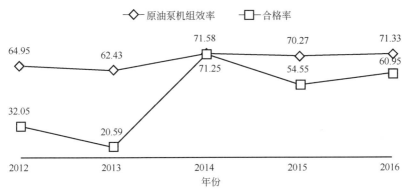

图 5-21　2012—2016 年原油泵机组能效监测情况

通过能效监测，发现原油泵机组存在的主要问题：
（1）实际流量长期比额定流量小，导致输油泵运行在低效区；
（2）电机侧的就地功率因数补偿不到位，电机功率因数偏低；
（3）管道输油量偏低导致定速泵靠出口阀节流，造成大量的能量损失。
对应采取的节能措施如下：
（1）技术改造时优先选用变频调速装置，消除节流损失，使泵机组在高效率区运行，大大降低电能浪费；
（2）安装电机无功就地补偿柜且投入到位，并定期检查维护。
目前中石油长输管道企业所辖输油管道所采用的输油泵其设计的额定效率多数在 85% 以上，均属于节能达标设备，但由于各条管道实际运行情况各不相同，低负荷管道居多，输油泵的工作点被改变，致使运行效率偏低。经监测显示，输油泵平均运行效率仅为 73% 左右（其中成品油管道较高，在 81% 左右，而原油管道仅在 71% 左右），机组运行效率仅为 66%（其中成品油管道在 73% 左右，原油管道仅达 64% 左右）；对于个别极低输量管道，其泵效不足 50%。
为了提高输油泵效率、节约能源，有必要对输油泵及工艺等进行改进。改进的措施有以下方面：结合管道及长期的输油计划，合理选用泵的设计参数；对现有输油泵选用合适的调节、调速方式；更新换代，采用高效设备；

根据输油计划，及时、合理调整沿线站场输油泵的匹配；及时维修，严格控制口环间隙及其密封间隙。

下面将分别对主要的前三项改进措施进行介绍：

（1）合理选用泵的设计参数。选泵时对泵的流量和扬程留有过大的富裕量，会导致高效泵低效运行或高效的变速调节方式发挥不了作用的严重后果，致使有些泵站出现"大马拉小车"的现象。

一台固定的油泵，其 $Q\text{-}H$ 曲线是固定的，如图 5-22 所示。将泵安装在某一管道中，当其出口阀全开时，管路的特性曲线为 R_1，泵应在 A 点（Q_0，H_0）工作，由于实际流量 Q_1 没有达到额定流量 Q_0，只好采用关小出口阀的方法，这样，管路的特性曲线 R_1 上升到 R_2，工作点由 A 点（Q_0，H_0）移到 B 点（Q_1,H_1），此时，若管道阻力不变，所需扬程仅为 H'，但实际上却上升到 H_1，如此便造成了图 5-22 中阴影部分的功率损耗，这就是节流损失。此外，由于节流的影响，离心泵的工作点偏离了额定工作点，泵效由 η_0 下降到 η_1。

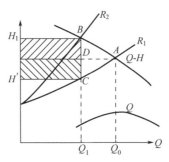

图 5-22　输油泵节流损失

这些损失值为：

$$\Delta N = \frac{rQ_1}{102}\left(\frac{H_1}{\eta_1} - \frac{H_0}{\eta_0}\right)$$

式中　ΔN——节流损失，kW；

r——液体的重度，N/m^3；

Q_0——A 点流量，m^3/s；

H_0——A 点扬程，m；

Q_1——B 点流量，m^3/s；

H_1——B 点扬程，m；

η_0——A 点效率，%；

η_1——B 点效率，%。

这些损耗，在泵常年运行中不断地累计，所浪费的能源极为可观。例如：某输油站 401# 输油泵型号为：KSY2850F-95A，额定参数 $Q_0 = 2850\text{m}^3/\text{s}$，$H_0 = 102\text{m}$，$\eta_0 = 88\%$，配用电机功率 $N = 1200\text{kW}$。2012 年 12 月 14 日测试结果为：$Q_1 = 1536.58\text{m}^3/\text{s}$，$H_1 = 129.94\text{m}$，$\eta_1 = 75.94\%$。

计算得出泵的实际功率为：

$$N = \frac{\gamma Q_1 H_1}{102\eta_1} = \frac{850 \times 1536.58 \times 129.94}{102 \times 0.7594 \times 3600} = 608.62(\text{kW})$$

如不采用关小出口阀节流方法（即管路特性曲线不变的情况下），输送 $Q = 1536.58\text{m}^3/\text{h}$ 的油品，只需消耗功率：

$$N' = \frac{\gamma Q_1 H_0}{102\eta_0} = \frac{850 \times 1536.58 \times 102}{102 \times 0.88 \times 3600} = 412.28(\text{kW})$$

由此得出该泵在此输量下的节流损失为：

$$N - N' = 608.62 - 412.28 = 196.34(\text{kW})$$

值得注意的是：以上分析没有考虑由于选用泵和配用电机过大而带来的电机效率下降，分析计算是在泵流量降低后管路所需扬程仍不变（仍为 H_0）的条件下进行的，即只考虑了图 5-22 中的 H_1BDH_0 的多耗功率，但实际上通过的流量为 Q_1，所需克服管路阻力是 H' 而不是 H_0，也就是说，真正的损耗功率应是 H_1BCH'。

综上所述，该泵在此输量实际运行中的功率损耗一定大于 196.34kW。即使该泵在此输量下只运行半年计算，其每年损耗的功率及电能也是相当可观的，达 848189kW·h，电价按 0.7 元/kW·h 计算，则该泵每年浪费的动力费用高达 59.37 万元。经验证明，选用过大参数的泵，是造成能源浪费的主要原因。所以选泵时应精确地分析计算，防止层层加码，应选定合适的参数，使泵的经济性及运行效率接近最高效率值。

（2）对现有输油泵选用合适的调节、调速方式。任何一台输油泵都必须和一定的管路系统联合工作。泵向液体提供能量，给液体以动力；而管路则消耗能量，给液体以阻力。在实际运行中，当供消双方发生不平衡现象时，就需要对某一方进行调节。使输油泵与管路的联合工作处于有利的状况，发挥较高的效率。

为了满足生产实际需要，经常要根据客观运行条件的变化来调节输油泵的流量和扬程。改变泵的流量和扬程，就得改变泵的工作点，也就是要改变管路或泵的特性曲线。输油泵的工作点是由泵的特性曲线和管路特性曲线的交点来确定的。在转数不变的情况下泵的特性曲线只有一条；当管路上的装置不变时，管路特性曲线也不会变动，两条不变的曲线的交点，也是不会改变的，而且只相交于一点。故泵在正常工作时，泵的工作点是一定的。将这种人为的、采取一定措施来改变泵工作点的做法，称为泵的流量调节。

输油泵的流量调节大致可分为两大类：一是改变泵的特性曲线位置；二是改变管路特性曲线的位置。只要改变其中任何一条曲线的位置，工作点就会发生位移，相应的流量和压力值也随之改变。下面分别介绍：

① 改变管路特性的调节方式。

a. 调节出口管路阀门开度。

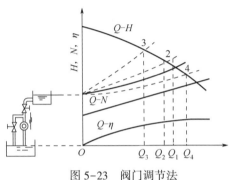

图 5-23 阀门调节法

离心泵在转数不变的情况下，利用泵出口阀的开度来调节流量是一种最简单而常用的方法，如图 5-23 所示。假设阀门全开时，管路的特性曲线与泵特性曲线的交点 1 是工作点。

假如泵的特性曲线不变，需把流量调小时，可把出口阀开度关小，则管路特性曲线变陡，工作点移至点 2 或点 3，此时流量相应变小，压头升高，功率和效率都相应降低，从而实现了流量调节的目的。这种方法虽简单、调节方便，但在泵出口阀上要消耗较多能量，损失大，泵装置的调节效率低，长期工作是非常不经济的，随着变频技术的发展、变频装置价格的下降，变频技术逐渐替代了用调节出口管路阀门开度来调节输量的方法。

b. 回注法：利用进、出口旁通阀调节流量。

把泵的进、出口管道用一旁通管道连接，使一部分出口液体流回入口管道，回流的大小通过旁通阀的开度来调节。

当旁通阀上的阀门开启时，相当于两条管路并联工作，阻力降低，泵所需要的压头降低，管路特性曲线变平，而工作点移到图 5-23 中的点 4。这时，经过输油泵的总流量增加，但由于液体的回流，使从排出管输入干线管道的流量减小，造成从排出管经旁通管路流回吸入端的液体能量白白浪费。因此，这种调节法也是不经济的，随着管道技术的发展，目前该方法已被取消。

② 改变泵的特性曲线的调节法。

a. 切割叶轮外径。

为了扩大泵的使用范围，可把叶轮外径车小几个不同的等级，配合泵的高效区达到流量调节的目的。因为叶轮外径的改变将改变泵的扬程、流量和功率，一般来说，增大外轮外径受到泵结构的限制，所以在实际应用中往往都是切割叶轮外径。

切割叶轮外径后，不仅使扬程、流量和功率减小，而且效率也有所降低，同时，最高效率点也向小流量方向偏移。离心泵叶轮的切割量不能超过某一范围，这是因为切割过多将使效率降低太多。一般来说，切割量不大时认为效率基本不变。随着切割量的增大，效率将降低，在高比转数离心泵中则更为严重。在效率下降不太多的前提下，叶轮允许的切割量与比转数有关，见表5-12。

表5-12　允许切割量和比转数、效率的关系

泵的比转数	60	120	200	300	350	>350
允许最大切割量	20%	15%	11%	9%	7%	0
效率下降	每切割10%效率下降1%		每切割4%效率下降1%		—	—

b. 减少输油泵级数。

对节段式多级输油泵，采取拆除叶轮的办法来降低级数，使泵的流量基本保持不变，扬程、功率随叶轮级数递减而降低，满足输油泵管道特性和泵特性匹配，从而实现节能的目的。叶轮拆机具有工作量小、见效快的优点。

通过改造前后节能测试数据的对比，输油泵拆级后，扬程和耗电量明显下降，泵效率明显提高，系统效率有所上升，但是为了保证节能效果，电机也要更换成配套的小功率电机。

c. 改变泵的转数。

在管路特性曲线不变的情况下，通过改变泵轴转速，即调速运行，使得泵的特性曲线发生变化，这样就使工况点发生了变化，从而引起流量的变化。

这种调节方法并不造成附加的能量损失，调节效率高。这需要采用变转速的电机，或保持电机转速不变而采用能改变泵轴转速的中间传动装置来实现。泵的调速运行是离心泵节能的一个重要措施，主要用于流量变化范围较大，且变化频繁的系统。调速调节即提高了泵的运行效率，又增大了管网效率，因此它是离心泵节能的一个有效措施。

以风机、水泵为例，根据流体力学原理，流量与转速成正比，风压或扬程与转速的平方成正比，所以轴功率与转速的立方成正比，即 $P_e = K_b n^3$。理论上，如果流量为定额流量75%，使感应电机转速控制在额定转速的3/4运行，其轴功率为额定功率42%，与采用挡板与阀门调节相比，可减少58%的功率。变频调速技术是当今节电、改善工艺流程以提高产品质量和改善环境、推动技术进步的一种主要手段。因此，调速技术应用在负载率偏低和流量变动较大的风机和泵类等流体设备的电力拖动上可获得显著的节电效益，这也

是为什么风机和泵类是调速技术节电应用重点对象的主要原因。

（3）为输油泵配备相应的变频调速装置。

变频调速有许多的优点，例如：无级调速而且调速范围宽；柔性起动，对电网及系统无冲击，可延长设备使用寿命；系统保护功能强，具有过压、欠压、断路及短路等保护功能；启动电流小，用于频繁启动和制动场合；转差损失小，效率高；调速范围宽，一般可达 20：1，并在整个调速范围内均具有高的调速效率；线性好、控制精度高；施工简单，对系统无特殊要求；易于实现闭环自动控制。

在输油系统中，许多设备的能耗都与机组的转速有关，其中输油泵最为突出。这些设备一般都是根据生产中可能出现的最大负荷条件，如最大流量和扬程进行选择的，但在实际生产中，多数时间要比设计流量小且存在输送介质黏度、密度及流量的变化，如果选用的不是调速电机，通常只能通过调节阀门的开度来控制流量，其结果在阀门上会造成很大的能量损失，且不能解决由于黏度和密度变化需泵提供压力变化的需求，如果采用变频技术，电机会随着流量、黏度及密度的变化调整电机转速，改变输入功率及输入电流，达到节约电能的目的。

2）加热设备节能

原油管道使用的加热设备主要有直接炉、热媒炉（也称为间接加装装置）、锅炉。站场加热设备燃料为油或天然气，燃煤锅炉只在生活基地的部分锅炉上使用。燃油加热炉监测评价项目与指标要求见表5-13。燃气加热炉监测评价项目与指标要求见表5-14。燃油（气）锅炉监测评价项目与指标要求见表5-15。

表5-13　燃油加热炉节能监测项目与指标要求

监测项目	评价指标	$0.35 < D \leq 1.8$	$1.8 < D \leq 2.5$	$2.5 < D \leq 5.0$	$5.0 < D \leq 8.0$	$D > 8.0$
排烟温度 ℃	直接加热炉限定值	≤230	≤220	≤215	≤210	≤205
	热媒炉限定值	≤190	≤180	≤175	≤165	≤160
空气系数	限定值	≤2.0	≤1.8	≤1.7	≤1.5	≤1.4
炉体外表面温度 ℃	限定值	≤50				
热效率 %	限定值	≥78	≥82	≥84	≥86	≥87
	节能评价值	≥81	≥85	≥86	≥88	≥89

注：D 为加热炉额定容量，MW。

表 5-14　燃气加热炉节能监测项目与指标要求

监测项目	评价指标	$0.35<D\leq1.8$	$1.8<D\leq2.5$	$2.5<D\leq5.0$	$5.0<D\leq8.0$	$D>8.0$
排烟温度 ℃	直接加热炉限定值	≤225	≤220	≤215	≤210	≤205
	热媒炉限定值	≤190	≤180	≤175	≤165	≤160
空气系数	限定值	≤1.9	≤1.7	≤1.6	≤1.5	≤1.4
炉体外表面温度 ℃	限定值	≤50				
热效率 %	限定值	≥80	≥83	≥85	≥86	≥88
	节能评价值	≥83	≥86	≥87	≥88	≥90

注：D 为加热炉额定容量，MW。

表 5-15　燃油（气）锅炉节能监测项目与指标要求

监测项目	评价指标	$0.03\leq D<0.7$	$0.7\leq D<1.4$	$1.4\leq D<2.8$	$2.8\leq D<7.0$	$7.0\leq D<14.0$	$D\geq14.0$
排烟温度 ℃	限定值	≤235	≤225	≤210	≤195	≤180	≤170
空气系数	限定值	≤1.8	≤1.7	≤1.6	≤1.6	≤1.6	≤1.5
炉体外表面温度 ℃	炉侧限定值	≤50					
	炉顶限定值	≤70					
热效率 %	限定值	≥75	≥78	≥82	≥86	≥87	≥89
	节能评价值	≥78	≥81	≥84	≥88	≥89	≥90

注：D 为锅炉额定容量，MW。

　　监测加热设备时，全部监测项目同时达到节能监测限定值的应按"节能监测合格设备"评价，如有一项监测项目不合格则视为该设备不合格；在此基础上，被监测设备的效率指标达到节能评价值的应按"节能监测节能运行设备"评价。下面将分别按照直接炉、热媒炉、锅炉进行能效监测情况分析。

　　（1）直接炉能效监测。

　　2012—2016 年，集团公司管道节能监测中心对中石油管道有限责任公司下属各条原油长输管道站场直接炉共测试 143 台，节能监测合格设备 75 台，合格率 52.45%。在各分项评价中，热效率合格 90 台，合格率 62.94%；排烟温度合格 104 台，合格率 72.73%；空气系数合格 111 台，合格率 77.63%，表面温度合格 126 台，合格率 88.11%。直接炉平均热效率和合格率趋势如

图 5-24 所示。

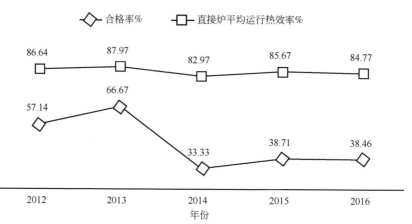

图 5-24 2012—2016 年油长输管道站场直接炉能效监测情况

直接炉能效监测中存在的主要问题为：

① 炉子设计不合理，对流室换热面积不够，造成排烟温度高；

② 加热炉在运行过程中没有及时、定期吹灰，换热效率下降；

③ 部分直接炉更换了比例式燃烧机，去掉了空气预热器，虽然增加了对流室的面积，但是换热面积仍偏小，造成部分炉子排烟温度偏高，合格率下降；

④ 冬季 1 台炉子不够，两台并联，秋春季地温上升热负荷要求低，导致加热炉负荷普遍偏低，热效率低；

⑤ 加热炉烟道设定的停炉报警温度已经把负荷率限制在 80%以下。

应采取的节能措施为：

① 加强对排烟处含氧量的监控，热负荷发生变化时及时调整供风量；

② 按时吹灰并根据排烟处含氧量对烟道挡板的开度做适当的调节；

③ 增加对流室换热面积；

④ 加强吹灰作业，根据情况对排烟停炉报警温度重新调整，提高负荷率。

（2）热媒炉能效监测。

2012—2016 年，集团公司管道节能监测中心对中石油管道有限责任公司下属各条原油长输管道站场热媒炉共测试 96 台，节能监测合格设备 57 台，合格率 59.38%。在各单项评价中，热效率合格 91 台，合格率 94.79%；排烟温度合格 90 台，合格率 93.75%；空气系数合格 74 台，合格率 77.08%，表面温度合格 91 台，合格率 94.79%。热媒炉平均热效率和合格率趋势如图 5-25 所示。

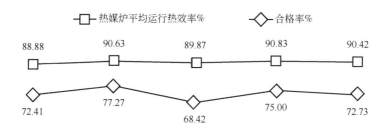

图 5-25　2012—2016 年长输管道站场热媒炉能效监测情况

造成热媒炉综合评价不合格的主要原因是：

① 燃烧器的配风比例调节不当，雾化燃烧效果不好，过剩空气系数超标；

② 个别设备在大负荷运行时排烟温度较高以致超标；

③ 部分热媒炉的炉体保温效果不好，炉体前、后墙及两侧面多处区域表面温度超高。

节能改进措施如下：

① 维修时加强炉体内的保温性能，改善保温效果；

② 在不同负荷下适当调节燃烧器的风量配比，保持良好的燃烧效果，提高燃烧效率；

③ 检修空气/烟气换热器，加强密封效果，排除空气泄漏现象；

④ 定期检定流量计等在线仪表，校正各项远传监控参数。

（3）锅炉能效监测。

2012—2016 年，集团公司管道节能监测中心对中石油管道有限责任公司下属各条原油长输管道站场锅炉共测试 97 台，达到节能监测合格设备的 41 台，合格率 42.27%。在各分项评价中，热效率合格 50 台，合格率 51.55%；排烟温度合格 75 台，合格率 77.32%；空气系数合格 80 台，合格率 82.47%，表面温度合格 90 台，合格率 92.78%。锅炉平均热效率和合格率趋势如图 5-26 所示。

锅炉运行中存在的主要问题：

① 个别进口燃烧器的配风比例调节不当，锅炉因助燃风量过大或不足，气体不完全燃烧热损失较大；

② 部分锅炉的排烟温度超高，排烟热损失较大，从而导致热效率不能

达标；

③ 锅炉前、后墙区域的表面温度较高。

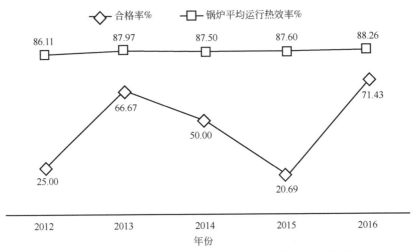

图 5-26　2012—2016 年长输管道站场锅炉能效监测情况

节能改进措施如下：

① 对于进口燃烧器，应定期调节其油（气）风配比，使助燃风量保持适量。

② 定期清除炉膛及烟道内的积灰与积垢，降低排烟温度。

③ 改进炉体前后墙区域的保温措施，提高保温性能。

3）节能技术

加热设备主要的能源消耗为各种热损失（排烟热损失、气体不完全燃烧热损失、固体不完全燃烧热损失、散热损失），主要的节能技术是针对上述各类热损失，采取相应措施减少各种热损失，提高加热设备热效率，具体措施如下：

（1）降低排烟温度及其措施。

从热效率测试计算公式中可以看出，影响加热设备热效率高低的主要是四项热损失，即排烟热损失、炉墙表面散热损失、气体不完全燃烧热损失和固体不完全燃烧热损失，其中后两项所占比例很小，因而影响加热设备热效率的关键因素是排烟热损失和炉墙散热损失，加热设备各种节能技术几乎都是为了达到减少此两项热损失的目的而进行的。

降低排烟温度可以明显地提高加热炉的热效率，当过剩空气系数 $\alpha = 1.2$ 时，排烟温度每降低 20℃，可以提高热效率 1%，因此在加热炉改造中应尽可能降低排烟温度。

但是，烟气温度不能无限制地降低，选择最佳排烟温度必须考虑到：

① 排烟温度必须比被加热物料温度高出 40~80℃，才能进行有效的热交换；输油管道加热炉的原油进炉温度一般在 35~40℃，所以从工艺上可以较大幅度地降低排烟温度。

② 排烟温度必须高于露点温度。我国原油温度一般含硫量低于 1%，露点温度在 140℃ 以下。选择最低排烟温度在 160~170℃ 较为合适，此时的排烟热损失约 7.5%（$\alpha = 1.2$ 时），美国 API 标准推荐最低排烟温度为 3500F（176℃）。

降低排烟温度可以采取的措施：增加对流段的传热面积，更多地吸收烟气中的热量；在加热炉尾部设置空气预热器；增设其他余热回收装置，如烟气/水换热器、烟气/热媒换热器及烟气/原油换热器及烟气/空气预热器等；利用热管技术回收余热；定时吹灰，减少热阻，降低排烟温度。

（2）提高燃烧效率，减少不完全燃烧热损失。

燃烧效率也称为燃烧室效率，即一定量的燃料在燃烧室（或炉膛）内燃烧时实际可用来加热燃烧产物的热量，与该燃料在绝热条件下实现完全燃烧时所释放出来的低位发热量之比。它是评价各种燃烧室（或炉膛）运行经济性的主要指标。燃料在燃烧室内燃烧时，由于实际上或多或少地存在着气体不完全燃烧热损失，使燃料的低位发热量未能全部释放，而燃烧室（或炉膛）壳体的对外散热损失又使得已释放出的热量不可能全部用来加热燃烧产物，从而导致燃烧效率总是低于 1。燃烧效率取决于燃料品质、燃烧室（炉膛）结构、燃烧方法、选用过量空气系数的大小以及燃料与空气的混合程度等因素。在其他条件均相同的情况下，燃烧效率越高，燃烧室（炉膛）的温度也愈高，燃烧也就越迅速、完全。提高燃烧效率的措施有：

① 采用微正压燃烧方式。

燃料的燃烧可以在负压条件下燃烧，也可以在微正压条件下燃烧。负压燃烧时，外界空气就会漏入炉内，影响燃烧，同时又增加了过量空气系数和排烟热损失。当采用微正压燃烧时，能强化燃烧，提高炉膛热强度，缩小炉子体积，同时也消除了漏风，降低排烟热损失。在这种燃烧方式下，还具有可不使用引风机等设备的优点。但是，需要保证其构造的气密性。

② 选用适当的过量空气系数。

过量空气系数也称为过剩空气系数，过剩空气系数的值可用气体分析仪进行测算。在各种炉子或燃烧室中，为使燃料尽可能燃烧完全，实际供给的空气量总要大于理论空气量，即过量空气系数必须大于 1。合理的过剩空气系数是实现完全燃烧，提高设备效率的保障。大量燃烧理论与运行经验表明，

过量空气系数 α 过大或过小（表明送风量过多或过少）都对燃烧不利，都会使不完全燃烧损失和排烟热损失增大。过剩空气系数过小会增加不完全燃烧损失，而过大将造成烟气的容积相应增加，烟气流速提高，使排烟温度提高，增加排烟热损失，均造成热设备热效率降低。在采用合适的燃烧控制装置和保证燃烧稳定的条件下，应使过量空气系数具有最低值，以期得到最佳的热效率。

相同排烟温度下，不同过剩空气系数（含氧量）时的热损失见表5-16。相同过剩空气系数（含氧量），不同排烟温度时的热损失见表5-17。

表5-16 相同排烟温度下，不同空气过剩系数时的热损失

过剩空气系数	1	1.2	1.4	1.6	1.8	2.0	2.2
相对含氧量	0	3.5	6	7.87	9.3	10.5	11.45
排烟温度,℃	300	300	300	300	300	300	300
排烟损失,%	12.6	14.6	16.7	18.8	20.9	23	25.1
排烟温度,℃	400	400	400	400	400	400	400
排烟损失,%	17.2	20	22.9	25.7	28.6	31.4	34.3

表5-17 相同过剩空气系数，不同排烟温度时的热损失

排烟温度,℃	100	200	300	400	500	600	700
过剩空气系数	1.2	1.2	1.2	1.2	1.2	1.2	1.2
相对含氧量	3.5	3.5	3.5	3.5	3.5	3.5	3.5
排烟损失,%	4.8	9.7	14.6	20	25	30.4	35.9
过剩空气系数	1.4	1.4	1.4	1.4	1.4	1.4	1.4
相对含氧量	6	6	6	6	6	6	6
排烟损失,%	5.4	11	16.7	22.9	28.6	34.7	41

当排烟温度在200℃时，过剩空气系数每增加0.2则排烟热损失增加1.3%；当排烟温度在300℃时，过剩空气系数每增加0.2则排烟热损失增加2.1%；当排烟温度在400℃时，过剩空气系数每增加0.2则排烟热损失增加3%；当过剩空气系数为1.2（相对含氧量为3.5）时，排烟温度大约每提高20℃，排烟热损失增加1%；当过剩空气系数为1.4（相对含氧量为6）时，排烟温度大约每提高16℃，排烟热损失增加1%。

由此可见，合理的过剩空气系数应该是使加热设备的各项热损失之和为最小，即热效率为最高，这时的过剩空气系数成为最佳过剩空气系数。显然，送入燃烧设备的空气量应当使过剩空气系数维持在最佳值附近。经过多年的

运行、测试经验，给出加热设备在 70%~100% 负荷时过剩空气系数最佳范围见表 5-18。

表 5-18　加热设备最佳过剩空气系数范围及相对的含氧量

过剩空气系数		对应含氧量	
重油（原油）	气体燃料	重油（原油）	气体燃料
1.1~1.4	1.05~1.3	1.9~6	1~4.85

③ 燃烧过程自动调节。

加热炉、锅炉运行中，由于负荷的变化，需要随时对运行参数做必要的调整，以使加热炉、锅炉经济运行。但是，设备运行的优劣与操作人员的技术水平有关，很难避免由于操作不当而致使加热炉、锅炉低效运行。若采用自动控制方式，就能消除人为因素，按负荷变化实时调整锅炉在最优工况下运行。

目前，加热炉、锅炉燃烧自动控制调节装置采用了先进的变频调速技术和计算机技术，通过对加热炉、锅炉热负荷变化参数的检测（如汽包压力、炉膛负压、炉膛温度、排烟温度及烟气含氧量等），并将检测信号传至计算机，经计算、分析、判断后，输出控制信号，通过变频器来控制加热炉、锅炉各辅助电机的转速，改变相应的运行参数（如风量、燃料量等），以适应热负荷的变化，使设备经济优化运行。

④ 采用自动化控制程度高的高效燃烧器。

目前我公司多数加热设备采用威索、扎克、百得等国际先进技术燃烧器，在运行参数设置合理的状态下均能实现自动、高效运行，有效避免了人为操作的影响。但是，在测试过程中发现，有些燃烧器设计台阶不合理，没有实现无级调节，造成在负荷处于两个台阶之间时，燃料不能实现完全燃烧，降低了燃烧效率，为此要求在设备投产后由燃烧器厂家用烟气分析仪数据调节不同负荷燃烧状况，确定空气及燃料的配比参数，最终实现无级及多负荷调节，使设备始终保持在最佳状态运行，实现高效运行。

三、成品油管道节能措施

1. 优化工艺方案

成品油管道优化运行不仅应在满足管道沿线市场需求的条件下充分利用管道通过能力，降低能耗费用，而且要减少混油损失，以获得最佳经济效益。使管道安全、平稳、经济的运行是生产经营者追求的目标。目前，国内外均开展了顺序输送管道的优化运行研究，开发了相应的应用软件。

管道运行费用中，泵送动力费用和人工费用通常是主要的两项。动力费用优化应保证各批次油品在输送计划预定的时间到达目的地，同时使泵送动力费用最小。减少泵运行费用就是要确定输送各批次油品时优化泵配置。这与输送单一油品的管道有很大不同。输送单一油品管道，在一段时间内管道的压力、流量可以看作是常数，而顺序输送管道的运行优化必须考虑混油段在管道中的运移过程及其工艺参数随时间的变化。

国内外已对成品油顺序输送优化运行开展了不同程度的研究。1981年，成品油管线顺序输送软件系统 SCICLOPS，在英国 Main Line 管道上试运行。在管道动力费用优化问题中，考虑到正常工作日和白天的电费比周末和夜间的电费贵，要使泵机组尽量在周末及夜间满负荷运行，即保证油品按时按量输送到目的地，又使动力费用最省，节省管道动力费用 3%~5%。

1987年，英国 HAVERLY 管线系统有限公司完成了成品油管道系统优化可行性研究。此优化研究包括电量优化和电费优化。电费优化是利用实际的各站电费合同来确定最小的运行费用。一个月的运行优化结果表明所用电量明显减少，电量减少了 15%，启停泵的数量也减少，泵变化次数减少了约40%，稳定连续的运行过程使管道操作者更容易控制，运行费用减小了 12.4%。

通过算例表明，采用按电价峰谷分时段输送方法使成品油管道更经济运行是可能的，在用电日益紧张的情况下，顺应国家电价改革政策，主动进行"移峰填谷"的运行方式，不仅可以降低高峰期停电对运行的不利影响，又可收获不错的经济效益，增强企业的竞争能力。但是国家和地区规定的峰谷价差必须达到一定的水平，峰谷运行实施才能收到较好效果。因为优化运行需要频繁改变运行操作，增加运行管理难度和设备的启停，没有相当的经济效益是很难推广的。

根据成品油管道在实际调控运行中顺序输送的特点及其约束条件，在满足输油泵进出站及沿线高低点压力约束的条件下，建立以全线总耗电费最小为目标函数的优化模型。

模型1：定批量优化运行模型。选择合适的输量、最佳的泵组合及尽可能小的节流量，在规定的时间内完成计划输量。

模型2：定流量优化运行模型。以调度给定的流量函数输送，选择最佳的泵组合及尽可能小的节流量。

这两种模型的目标函数相同，但是约束条件不完全相同。完全相同的约束条件有：管道系统都必须满足能量平衡方程和泵站进出站及沿线高低点压力约束。不同的是：模型1必须满足"在规定时间内完成输油计划"的约束条件；模型 2 必须满足"流量函数"约束条件。两个模型的区别是：模型 1 通过目标函数来选择合适的流量，该流量一般不是很稳定；模型 2 的流量由系统调度根据能完成输油计划及平稳输油的原则事先提供，该流量是分段连续的。

成品油管道采用密闭输油工艺，整个系统是个连续统一的水力系统，泵站、注入站、分输站、减压站等，等径管、变径管和混油段、输油泵的串联、并联方式各系统与环境之间存在各种联系，这些联系一方面增大了优化运行的潜力，另一方面很大程度上也增加了优化运行的难度。

成品油管道优化运行方案的构成如下：管道流量随时间的变化关系；将输油周期离散化后，每一时间段全线配泵方案及调节方案；每一时间段内全线各站最优运行参数；输量周期内的总耗电费用、模拟时间及沿线注放油时间、混油量。工艺优化运行方案的决策变量为，全线流量、全线配泵方案及调节措施。

选取输油周期内泵机组所消耗电费为目标函数，设全线有 n 个中间泵站，各泵站配置 m 台离心泵，则表示全线泵机组所耗电费目标函数为：

$$MinC = \int_0^{T_P} \int_0^n \int_0^{m_i} f(Q,P,t,\eta,\rho,s)\,djdidt$$

式中　C——所有泵站投入运行的泵机组的总耗电费用，元；

　　　T_P——完成计划输量的时间；

　　　n——全线总的泵站数；

　　　m_i——各站泵台数；

　　　ρ——密度；

　　　Q——流量；

　　　P——压能；

　　　η——泵的效率；

　　　s——电价。

目标函数约束条件为：

（1）水力约束条件，即管道中压降规律。

（2）热力约束条件，即管道中温降规律（可以忽略）。

（3）强度约束条件，即管道沿线各点的动水压力不超高。

（4）泵站特性约束条件，它描述了每座泵站的进出站压力之间的关系，每座泵站的特性取决于其配置及指定运行的泵组合。

（5）工艺操作约束条件，主要是泵站的进站压力下限、出站压力上限及翻越点动水压力约束。

（6）控制稳定性约束条件，即调节阀限位、调速电机极限及启停泵时间间隔限定等。

对于定批量优化运行，优化运行模型描述的问题属于有约束条件的最佳控制问题。对一条运行中的成品油管道，全线开泵方案变化越少，管道运行就越平稳，因此模型不能时时进行优化配泵。重新配泵的原则是，从开始时刻，运用全线最优压力分配模型匹配出某一开泵方案，然后就以该开泵方案输送，直至调节失败后再重新配泵，如此循环直到输油结束。调节原则为：若进站压力低于进站压力设定值或出站压力高于出站压力设定值，则采用减少能量的方式调节，即以先调速、后节流的次序进行。对于定流量优化运行，流量是分段连续的恒等式。

2. 优化单体设备

成品油管道站场主要的单体耗能设备为成品油输油泵机组，末站有混油处理装置。下面将分别进行介绍。

1）成品油泵机组节能

成品油泵机组监测评价项目与指标要求见表5-19。

表5-19　成品油泵机组节能监测项目与指标要求

监测项目	评价指标	$200 \leqslant Q \leqslant 300$	$300 < Q \leqslant 600$	$600 < Q \leqslant 900$	$900 < Q \leqslant 1200$	$1200 < Q \leqslant 1500$	$Q > 1500$
机组效率 %	限定值	≥62	≥66	≥68	≥70	≥71	≥72
	节能评价值	≥66	≥70	≥72	≥74	≥75	≥76
节流损失率 %	限定值	≤5					

注：Q 为泵额定流量，m^3/h。

2012—2016 年，集团公司管道节能监测中心对中石油管道有限责任公司下属各条成品油长输管道站场成品油泵机组共测试214台，总体合格102台，合格率47.66%。在各分项评价中，功率因数合格167台，合格率78.04%；机组效率合格143台，合格率66.82%；节流率合格186台，合格率86.92%。其中，主要评价指标平均机组效率变化曲线分析如图5-27所示。

从能效测试结果看出，成品油泵机组效率基本保持在67%~71%较高的运行水平不变。成品油泵机组存在的主要问题：电机侧的就地功率因数补偿不到位，电机功率因数偏低；管道输油量偏低导致定速泵依靠出口阀节流，造成大量的能量损失。

节能改进措施如下：技术改造时优先选用变频调速装置，消除节流损失，使泵机组在高效率区运行，大大降低电能浪费；安装电机无功就地补偿柜且

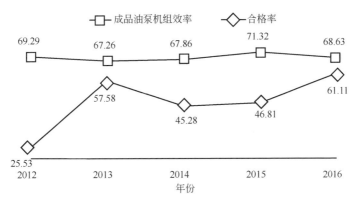

图 5-27　2012—2016 年长输管道站场成品油泵机组能效监测情况

投入到位，并定期检查维护。

　　成品油泵机组运行原理和方式和原油泵机组相同，仅在输送介质的密度和黏度上有差别，因此成品油泵机组的节能技术和上文原油泵机组节能技术类似，可参考上文内容。

　　2）混油处理装置节能

　　混油处理装置又称为拔头装置。成品油管道的输送一般采用顺序输送的方式进行。在顺序输送过程中，相邻批次油品之间必然产生混油。混油的处置方式主要有掺混处理和混油处理。掺混处理适用于少量混油，主要是将混油和合格油品以一定比例掺混输送到下游单位。掺混处理虽然方法简单，但不适宜大批量混油的处理。混油处理装置采用常压蒸馏工艺，将混油分离成合格的柴油、汽油，并回注到成品油储罐中。

　　典型的分馏装置是由精馏塔、塔底再沸器和塔顶冷凝器为核心组成的，配以原料液预热器、回流泵等附属设备，如图 5-28 所示。混油处理装置中，重沸炉作为塔底加热设备提供一定量的上升蒸汽流，塔顶冷凝器和过冷器在提供塔顶汽油产品的同时，保证有适宜的液相回流。通常，将原料液进入的那层塔板称为加料板，加料板以上的塔段称为精馏段，以下塔段（包括加料板）称为提馏段。

　　混油处理装置中的主要耗能单元是重沸炉（常称拔头炉），重沸炉的燃烧状况，测试方法和计算方法与加热炉的节能监测相同。通过考察燃烧器的油风配比、炉体外表面温度、排烟温度，计算重沸炉的热效率。应采取加强调整油风配比、加强保温、降低排烟温度、增大炉体换热面积等各项措施来提高运行效率，减少燃料油消耗。

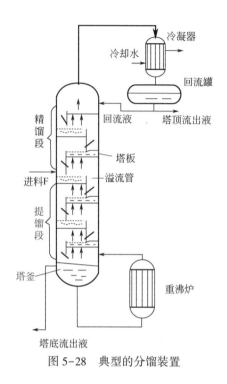

图 5-28　典型的分馏装置

第三节　用电成本控制

一、现行销售电价政策

　　销售电价是指电网经营企业对终端用户销售电能的价格。中国销售电价实行政府定价，统一政策，分级管理。2013 年，国家发改委印发了《关于调整销售电价分类结构有关问题的通知》（发改价格〔2013〕973 号），提出利用五年时间将销售电价由现行主要依据行业、用途分类，逐步调整为以用电负荷特性为主分类，并再一次明确了将现行销售电价逐步归并为居民生活用电、农业生产用电和工商业及其他用电价格三个类别。五年过渡期间的电价分类为：大工业用电、一般工商业及其他用电、工商业及其他用电、农业生产用电等用电类别。一般工商业及其他用电中，受电变压器容量在 315kVA 以上的，可与大工业用电试行同价并执行两部制电价，具备条件的地区，可扩大到 100kVA 以上用电。受电变压器容量或用电设备装接容量小于 100kVA 的，实行单一电度电价，条件具备的也可实行两部制电价。石油及天然气加压站生产用电被界定为"大工业用电"类别，执行大工业电价，即两部制电价。

1. 大工业适用电价政策

1）两部制电价

2005 年 5 月 1 日开始实施的《销售电价管理暂行办法》规定：两部制电价由基本电价和电度电价两部分构成。基本电价是指按变压器容量（kVA）或用户用电最大需量（kW）计算的电价。用户可以选择按变压器容量或按最大需量计费。基本电价反映的是用电的容量成本或用电的固定成本，即电网企业为用户随时用电配备专门装备所耗费用。收取基本电价可促使用户合理安装与使用用电设备，提高设备利用率，避免"大马拉小车"，改善功率因数，压低最大负荷，同时节约公共电网变压器固定成本及运行成本。相应地，使电网的负荷率提高，无功输送减少，线损降低，电力系统整体效率提高。电度电价是指按用户用电度数计算的电价，反映的是变动费用部分。实行两部制电价的用户，还实行按功率因数调整电费的办法。

2016 年以来，随着中国经济结构调整深入，部分企业需要适应新形势，优化调整生产结构，短期内出现了企业开工不足，基本电费支出占比提高的现象。为支持企业转型，减少停产、半停产企业电费支出，降低实体经济运行成本，2016 年 6 月 30 日国家发改委出台了《国家发展改革委办公厅关于完善两部制电价用户基本电价执行方式的通知》（发改办价格〔2016〕1583 号），对 1996 年以来实施的《供电营业规则》中基本电费计费方式变更周期、减容（暂停）的期限限制等方面进行了修改。修改内容主要有：

（1）放宽基本电价计费方式变更周期限制。

① 基本电价按变压器容量或按最大需量计费，由用户选择。基本电价计费方式变更周期从现行按年调整为按季变更，电力用户可提前 15 个工作日向电网企业申请变更下一季度的基本电价计费方式。

② 电力用户选择按最大需量方式计收基本电费的，应与电网企业签订合同，并按合同最大需量计收基本电费。合同最大需量核定值变更周期从现行按半年调整为按月变更，电力用户可提前 5 个工作日向电网企业申请变更下一个月（抄表周期）的合同最大需量核定值。电力用户实际最大需量超过合同确定值 105% 时，超过 105% 部分的基本电费加 1 倍收取；未超过合同确定值 105% 的，按合同确定值收取；申请最大需量核定值低于变压器容量和高压

电动机容量总和的40%时，按容量总和的40%核定合同最大需量；对按最大需量计费的两路及以上进线用户，各路进线分别计算最大需量，累加计收基本电费。

（2）放宽减容（暂停）期限限制。

① 电力用户（含新装、增容用户）可根据用电需求变化情况，提前5个工作日向电网企业申请减容、暂停、减容恢复、暂停恢复用电。暂停用电必须是整台或整组变压器停止运行，减容必须是整台或整组变压器的停止或更换小容量变压器用电。电力用户减容两年内恢复的，按减容恢复办理；超过两年的按新装或增容手续办理。

② 电力用户申请暂停时间每次应不少于十五日，每一日历年内累计不超过六个月，超过六个月的可由用户申请办理减容。减容期限不受时间限制。

③ 减容（暂停）后容量达不到实施两部制电价规定容量标准的，应改为相应用电类别单一制电价计费，并执行相应的分类电价标准。减容（暂停）后执行最大需量计量方式的，合同最大需量按照减容（暂停）后总容量申报。

④ 减容（暂停）设备自设备加封之日起，减容（暂停）部分免收基本电费。

2）力调电费

按照《销售电价管理暂行规定》，实行两部制电价的用户，按国家有关规定实行功率因数调整电费（即力率调整电费，简称力调电费）办法。功率因数是电机系统有用功与总功率（有用功+无用功）之比。征收力调电费是为了提高用户的功率因数，以提高供用电双方和社会经济效益。这是因为功率因素越高，有用功与总功率之比越高，系统运行效率就越高。原国家水利电力部和国家物价局1983年12月2月颁布的《关于颁发〈功率因数调整电费办法〉的通知》，对功率因数的标准值及其适用范围、功率因数的计算以及电费的调整做了如下具体规定：

（1）功率因素的标准值及其使用范围。

功率因数标准0.90，适用于160kV·A以上的高压供电的工业用户（包括社队工业用户）、装有带负荷调整电压装置的高压供电电力用户和3200kV·A及以上的高压供电电力排灌站。功率因数标准0.85，适用于100kV·A（kW）及以上的其他工业用户（包括社队工业用户）、100kV·A（kW）及以上的非工业用户和100kV·A（kW）及以上的电力排灌站；功率因数标准0.80，适用于100kV·A（kW）及以上的农业用户和趸售用户，但在工业用户未划由电业直接管理的趸售用户，功率因数标准应为0.85。

（2）功率因数的计算和调整。

凡实行功率因数调整电费的用户，应装设带有防倒装置的无功电度表，按用户每月实用有功电量和无功电量，计算月平均功率因数。凡装有无功补偿设备且有可能向电网倒送无功电量的用户，应随其负荷和电压变动及时投入或切除部分无功补偿设备，电业部门并应在计费计量点加装带有防倒装置的反向无功电度表，按倒送的无功电量与实用无功电量两者的绝对值之和，计算月平均功率因数。根据电网需要，对大用户实行高峰功率因数考核，加装记录高峰时段内有功，无功电量的电度表，由试行的省、市、自治区电力局或电网管理局拟定办法，报水利电力部审批后执行。

（3）电费的调整。

根据计算的功率因数，高于或低于规定标准时，在按照规定的电价计算出其当月电费后，再按照"功率因数调整电费表"（表5-20至表5-22）所规定的百分电费数增减。如果用户的功率因数在"功率因数调整电费表"所列两数之间，则以四舍五入计算。

功率因数奖、罚规定：每低于标准0.01时，从电费总额罚款0.5%，以此递增，低于0.7每一级提高到1%，低于0.65每级提高到2%；每高于标准0.01时，从电费总额奖0.15%，以此类推，以0.75%封顶。

表5-20　以0.90为标准值的功率因数调整电费表

减收电费		增收电费			
实际功率因数	月电费减少,%	实际功率因数	月电费增加,%	实际功率因数	月电费增加,%
0.90	0.00	0.89	0.5	0.76	7.0
0.91	0.15	0.88	1.0	0.75	7.5
0.92	0.30	0.87	1.5	0.74	8.0
0.93	0.45	0.86	2.0	0.73	8.5
0.94	0.60	0.85	2.5	0.72	9.0
0.95~1.00	0.75	0.84	3.0	0.71	9.5
		0.83	3.5	0.70	10.0
		0.82	4.0	0.69	11.0
		0.81	4.5	0.68	12.0
		0.80	5.0	0.67	13.0
		0.79	5.5	0.66	14.0
		0.78	6.0	0.65	15.0
		0.77	6.5		
		功率因数自0.64及以下，每降低0.01，电费增加2%			

表 5-21　以 0.85 为标准值的功率因数调整电费表

减收电费		增收电费			
实际功率因数	月电费减少,%	实际功率因数	月电费增加,%	实际功率因数	月电费增加,%
0.85	0.00	0.84	0.5	0.71	7.0
0.86	0.10	0.83	1.0	0.70	7.5
0.87	0.20	0.82	1.5	0.69	8.0
0.88	0.30	0.81	2.0	0.68	8.5
0.89	0.40	0.80	2.5	0.67	9.0
0.90	0.50	0.79	3.0	0.66	9.5
0.91	0.65	0.78	3.5	0.65	10.0
0.92	0.80	0.77	4.0	0.64	11.0
0.93	0.95	0.76	4.5	0.63	12.0
0.94~1.00	1.10	0.75	5.0	0.62	13.0
		0.74	5.5	0.61	14.0
		0.73	6.0	0.60	15.0
		0.72	6.5		
		功率因数自 0.59 及以下，每降低 0.01，电费增加 2%			

表 5-22　以 0.80 为标准值的功率因数调整电费表

减收电费		增收电费			
实际功率因数	月电费减少,%	实际功率因数	月电费增加,%	实际功率因数	月电费增加,%
0.80	0.00	0.79	0.5	0.66	7.0
0.81	0.10	0.78	1.0	0.65	7.5
0.82	0.20	0.77	1.5	0.64	8.0
0.83	0.30	0.76	2.0	0.63	8.5
0.84	0.40	0.75	2.5	0.62	9.0
0.85	0.50	0.74	3.0	0.61	9.5
0.86	0.60	0.73	3.5	0.60	10.0
0.87	0.70	0.72	4.0	0.59	11.0
0.88	0.80	0.71	4.5	0.58	12.0
0.89	0.90	0.70	5.0	0.57	13.0
0.90	1.00	0.69	5.5	0.56	14.0

续表

减收电费		增收电费			
实际功率因数	月电费减少,%	实际功率因数	月电费增加,%	实际功率因数	月电费增加,%
0.91	1.15	0.68	6.0	0.55	15.0
0.92~1.00	1.30	0.67	6.5		
		功率因数自0.54及以下,每降低0.01,电费增加2%			

原国家电力工业部于 1996 年 10 月 8 日颁布的《供电营业规则》规定，无功电力应就地平衡，要求用户在提高用电自然功率因数的基础上，按有关标准设计和安装无功补偿设备，并做到随其负荷和电压变动及时投入或切除，防止无功电力倒送。除电网有特殊要求的用户外，用户在当地供电企业规定的电网高峰负荷时的功率因数，应达到下列规定：100kVA 及以上高压供电的用户功率因数为 0.90 以上；其他电力用户和大、中型电力排灌站、趸购转售电企业，功率因数为 0.85 以上；农业用电，功率因数为 0.80。凡功率因数不能达到上述规定的新用户，供电企业可拒绝接电。对已送电的用户，供电企业用电计量装置原则上应装在供电设施的产权分界处。

如产权分界处不适宜装表的，对专线供电的高压用户，可在供电变压器出口装表计量；对公用线路供电的高压用户，可在用户受电装置的低压侧计量。当用电计量装置不安装在产权分界处时，线路与变压器损耗的有功与无功电量均须由产权所有者负担。在计算用户基本电费（按最大需量计收时）、电度电费及功率因数调整电费时，应将上述损耗电量计算在内。应督促和帮助用户采取措施，提高功率因数。对在规定期限内仍未采取措施达到上述要求的用户，供电企业可中止或限制供电。

2. 大用户直接交易电价政策

大用户直接交易（也称为大用户直购电），是指符合准入条件的电力大用户与发电企业按照自愿参与、自主协商的原则，直接协定购电量和购电价格，由电网企业按规定提供输配电服务的购电交易方式。开展大用户供电，是电力体制改革的重要内容，是实现"在售电环节引入竞争"的重要环节，对中国发展和完善电力市场竞争机制，构建有效竞争的市场格局、丰富电力市场交易模式、促进合理电价机制的形成有着重要意义。

1）大用户直接交易政策主要内容

根据国家大用户直购电政策精神，大多数省份制定了大用户直购电具体政策，主要内容包括：试点用户的选择、用户的交易电量规模、新能源发电参与直接交易、电量的计划安排、交易规则的安排以及输配电价的核定等，并开展了试点工作。

（1）试点用户的选择。大部分省份规定参与试点的大用户电压级别要在110kV以上，有的放宽至35kV、10kV以上。国家产业政策鼓励类的高新技术企业、战略性新兴产业，很多都放宽至10kV及以上。山东省要求参与试点的电力用户全年用电量需在 $5000×10^4 kW·h$ 以上，用电电压等级在110kV以上。江西省规定了两个条件：一是约束性条件，企业用电电压等级在110kV及以上、年均用电负荷在2万千瓦以上且相对稳定，环保排放达标，产品符合国家产业政策，单位能耗水平达到相关国家标准和地方性标准要求；二是优先性条件，符合约束性条件的十大战略性新兴产业、高新技术企业、省级优势产业以及已实施工业领域电力需求侧管理的工业企业，优先纳入直接交易试点范围。待条件成熟后，逐步扩大试点范围。

（2）用户的交易电量规模。福建省对单个电力用户交易电量原则上按其上年度企业购电量的80%进行限制，新进入电力用户交易电量原则上按当年度企业计划购电量的70%进行限制，且不超过全省交易电量总规模的10%。浙江省规定参与试点发电企业的直接交易发电量由市场交易确定，但原则上不超过该发电企业交易合同期内同类机组年度发电计划总量的30%。

（3）新能源发电参与直接交易。内蒙古自治区将风电、光伏发电等纳入内蒙古自治区电力多边交易市场，规定集中式光伏、风力发电企业可参与直接交易，交易电量按照用电企业增量生产用电量的20%匹配，单个新能源企业每月参与交易的总电量不能超过该发电企业2015年上半年月平均实际发电量的20%。

（4）电量计划的安排。一些省份将交易电量纳入了年度计划电量，但大部分省份采取增量交易的方式。山东省电力直接交易电量就不计入计划内电量。江西省甚至探索用电量在 $5×10^8 kW·h$ 以内的电力用户与发电企业进行全电量交易。

（5）交易规则的安排。双边协商直接交易占据主流，但利用在线平台集中竞价交易被各地视为未来发展方向。安徽省试点了自由协商交易和集中撮合交易两种交易模式，交易次数为每年两次。湖南省试点形成了直接协商和集中撮合交易两种方式并行的局面，在两种交易方式的总量安排上，以直接协商为主（约占总交易电量的八成），撮合交易为辅（约占总交易电量的二成）。云南省的交易方式最为丰富，云南省电力市场交易采用集中撮合交易、发电权交易、挂牌交易、直接交易4种交易模式。云铝以2014年基数电量，作为2015年基数电量，其他电解铝用户基数电量按云铝2014年基数电量占其全年电量比重进行确定。

（6）输配电价的核定。部分省份获得了国家发展改革委的输配电价批复

（表5-23），一些没有获得批复的省份采取了诸如价格传导、参照电网前几年平均线损等方式来确定电价。

表5-23　2009年已批复的部分省市直接交易试点输配电价

单位：元/(kW·h)

序号	省份	电量电价			基本电价/需量	基本电价/容量	备注
		平均输配电价	110kV电价	220kV电价			
1	吉林	0.162			0	0	办输电函〔2005〕19号
2	辽宁抚顺电厂	0.117			33.0	22.0	发改价格〔2009〕2550号，单独批复，其中东北电网输电费0.017元/(kW·h)，辽宁电网电量电价0.1元/(kW·h)
3	安徽	0.150	0.129	0.109	40.0	30.0	电监市场〔2009〕55号
4	福建	0.103	0.086	0.068	39.0	26.0	发改价格〔2009〕2871号
5	甘肃	0.096	0.081	0.066	33.0	22.0	发改价格〔2009〕2871号
6	浙江	0.119	0.098	0.077	40.0	30.0	发改价格〔2010〕1013号
7	江苏	0.129	0.109	0.089	40.0	30.0	发改价格〔2010〕1013号
8	重庆	0.113	0.091	0.070	40.0	26.0	发改价格〔2010〕1013号
9	贵州	0.100	0.082	0.063	45.0	30.0	发改办价格〔2013〕498号
10	山西	0.078	0.064	0.050	37.5	25.0	发改办价格〔2013〕2200号

序号	省份	电量电价			基本电价/需量	基本电价/容量	备注
		平均输配电价	110kV电价	220kV电价			
11	河南	0.098	0.083	0.069	28.0	20.0	发改办价格〔2013〕966号
12	湖南	0.105	0.087	0.069	30.0	20.0	发改办价格〔2012〕3439号
13	云南	0.125	0.105	0.086	37.0	27.0	发改办价格〔2014〕185号
14	黑龙江	0.142	0.120	0.099	33.0	22.0	发改办价格〔2012〕2909号
15	四川	0.136	0.115	0.093	39.0	26.0	发改办价格〔2013〕1266号
16	江西	0.146	0.122	0.099	42.0	28.0	发改办价格〔2013〕3206号
17	蒙东	0.118	0.100	0.081	28.0	19.0	发改办价格〔2013〕3206号
18	湖北	0.104	0.084	0.065	42.0	28.0	发改办价格〔2014〕944号
19	新疆	0.137	0.115	0.950	33.0	26.0	发改办价格〔2014〕1782号

备注：上述输配电标准为电量电价，基本电价均执行销售电价表中的标准。除辽宁抚顺电厂以外，均不含线损。

陕西省采取价差传导模式组织交易，即供需双方自主协商发电机组上网电价，将协商确定的上网电价与政府批复上网电价间的价差，等额传导至用户对应类别目录电价中的峰谷分时电度电价，基本电价维持现行标准不变。各地政府批复的输配电价，有的含线损，大部分不含线损，单独核定。上海市已于2017年实行，电力用户为符合上海市电力用户与发电企业直接交易规则中电力用户准入基本原则，通过上海市经济信息化委员资格审查纳入准入名单的电力用户。

2）大用户直接交易电价的构成

根据《关于完善电力用户与发电企业直接交易试点工作有关问题的通知》

（电监市场〔2009〕20 号），直接交易购电价格由直接交易价格、电网输配电价和政府性基金及附加三部分组成。

（1）直接交易价格。由大用户与发电企业通过协商自主确定，不受第三方干预；也可以由电力交易机构根据用户购电量与报价集中撮合交易。如果用户缺额，需以 1.1 倍价格向电网企业购买缺额电费，如果用户购电量有剩余，可以以 0.9 倍的价格卖给电网企业。

（2）电网输配电价。在独立的输配电价体系尚未建立的情况下，原则上按电网企业平均输配电价（不含趸售县）扣减电压等级差价后的标准执行，其中 110kV（66kV）输配电价按照 10% 的比例扣减，220kV（330kV）按照 20% 的比例扣减。输配电价标准与损耗率由省级价格主管部门提出意见报国家发改委审批。2015 年新一轮电改后，首批七个省市区输配电价改革于 2015 年陆续出台了输配电价（表 5-24）。2016 年 3 月输配电价改革试点新增了北京、天津等 12 个省级电网和华北区域电网以及国家综合电改试点省份，按计划将在 2017 年推至全国。

需要注意的是地方政府为直接交易确定的输配电价与输配电价改革试点确定的输配电价有所不同。地方政府为直接交易确定的输配电价，仅明确有关电压等级的输配电价，并且有的是不含交叉补贴的；而输配电价改革试点确定的输配电价，则包括交叉补贴。

表 5-24　2015 年 3 月电改试点省（市）输配电价

单元：元/(kW·h)

省（市）	平均价格	110kV	220kV
贵州	—	0.0799	0.0567
安徽	0.2374	0.1484	0.1384
云南	—	0.0700	0.0520
湖南	0.2374	0.0950	0.0760
宁夏	0.1546	0.1049	0.0739
深圳	—	0.1433	0.1428
蒙西	0.1184	—	—

（3）政府性基金和附加费用。大用户应和其他电力用户一样承担相应社会责任，按照国家规定标准缴纳政府性基金及附加。政府性基金和附加费用由电网企业代为收。目前，全国性的政府性基金和附加资金主要有 5 项，即：农网还贷资金（2 分/kW·h）、国家重大水利工程建设基金（0.4 分/kW·h）、大中型水库移民后期扶持资金（0.53 分/kW·h）、可再生能源电价和附加费（1.9

分/kW·h），及城市公用事业附加费（0.8分/kW·h）5项。具体征收种类和标准，各省可能会有一定差异。

二、用电成本优化控制

1. 大工业电价基本电费计价模式选择

1）计算方法

前面的分析中已经指出，对于大工业适用的两部制电价中的基本电价部分，用户可以选择按变压器容量或按最大需量计费。按照目前的价格政策，最大需量最低不得低于变压器容量的40%，低于40%的按照40%收取，当用电负荷的最大需量超过所申请量时，超出105%的部分双倍收取基本电费。按照上面的原则，根据变压器容量、最大需量（月度滑差15分钟平均负荷的最大值）、容量电价、需量电价、电度电价以及用电量等数据，可以计算按容量还是按需量计费更加合理。

假如某站场的额定负荷为 F，则变压器选型约为 $F/0.8$，而且是两台（双回路供电），所以站内变压器收费容量约为 $2.5F$（一用一热备用情况）。如果变压器容量电费的单价为 L，最大需量的单价往往为 $1.5L$（实际在 $1.25L$ 至 $1.55L$ 之间，即基本电价计费方式中，最大需量电价是容量电价的 1.5 倍左右，低的可到 1.25 倍左右，高的可到 1.55 倍左右）。

如果基本电费按照变压器容量收取，则每月所交基本电费应为 $2.5FL$。

如果基本电费按照最大需量收取，最大需量定为 F，与负荷相当，并且通常站内大多小于额定负荷 F，完全能满足全站生产需要。则每月所交基本电费应为 $1.5FL$，则能够每月节省基本电费约 $1FL$。

以上考虑的是变压器一用一热备用的情况。如果在变压器容量存在一用一冷备的情况，即在最大负荷比较接近变压器容量时，则按照最大需量计价不一定是最合理的选择。在变压器一用一冷备用的情况下，同样假设站场的额定负荷为 F，则变压器选型约为 $F/0.8$，而且是两台（双回路供电），所以站内变压器收费容量约为 $1.25F$（一用一冷备用情况）。同样假设变压器容量电费的单价为 L，最大需量的单价往往为 $1.5L$。如果基本电费按照变压器容量收取，则每月所交基本电费应为 $1.25FL$。而如果基本电费按照最大需量收取，每月所交基本电费应为 $1.5FL$。此时，按照最大需量收取基本电费将高于按照容量计价方式收取的基本电费。因此，需要计算在何种情况下，基本电费的计价方式采用按照容量计费，在何种情况下，按照最大需量计费。

解决这一问题的关键是找到采用最大需量与变压器容量等费用的最佳平

衡点。假设采用最大需量与变压器容量等费用的最佳平衡点为最大负荷是 B 的情况。

此时，若采用最大需量计费方式，则基本电费 P 为：

$$P = B\alpha L \tag{5-46}$$

式中　B——最大负荷（最大需量）；

　　　α——按照最大需量计费时是按照容量计费时的电价倍数，α 的取值范围在 1.25 至 1.55 之间，多数情况下为 1.5 左右；

　　　L——按照容量计费时的单位电价。

若采用容量计费方式，则基本电费 P 为：

$$P = TL \tag{5-47}$$

式中　T——容量值；

　　　L——单位容量电价。

采用最大需量计费和采用容量计费相等时的最大负荷需要满足的条件是：

$$B\alpha L / 1.05 = TL \tag{5-48}$$

由于当用电负荷的最大需量超过所申请量的 105% 部分时，才双倍收取基本电费，因此，式(5-46) 中需要除以 1.05。

由式(5-48) 可以得出：

$$B/T = 1.05/\alpha \tag{5-49}$$

当 α 的值为 1.5 时，即当按照最大需量计费时的电价是按照容量计费时的电价的 1.5 倍时，$B/T = 0.7$；

当 α 的值为 1.25 时，即当按照最大需量计费时的电价是按照容量计费时的电价的 1.25 倍时，$B/T = 0.84$；

当 α 的值为 1.55 时，即当按照最大需量计费时的电价是按照容量计费时的电价的 1.55 倍时，$B/T = 0.68$。

以上结果说明：

（1）当按照最大需量计费时的电价是按照容量计费时的电价的 1.5 倍时，并且当站内的实际最大负荷大于 70% 的变压器容量时，采用变压器容量的收费方式比较合适；在 40%~70% 期间，可以根据生产实际的负荷定合适的最大需量；当负荷低于 40% 时，采用 40% 的最大需量。

（2）按照目前的按照最大需量计费时和按照容量计费的价格水平，当站内的实际最大负荷小于 68% 的变压器容量时，应采用按照最大需量计收基本电费更为合理。

2）案例分析

为了更好地说明在何种情况下采用按照最大需量方式计费，在何种情况下采用按照容量方式计费，下面进行更具体的举例说明。

案例：按容量还是按需量计收基本电费？

某用户在安装 1600kVA 容量变压器的情况下，其需量需求应该在变压器容量的80%左右。按受电变压器容量计取用电容量时，基本电价为 28 元/kW；按最大需量计取用电容量时，基本电价为 42 元/kW，若实际使用容量不足上报最大需量的40%时，按40%收取；超过最大需量则要加倍收取基本电费。再假设受电变压器容量为 T，则按容量每月应交纳的基本电费 $P_1 = 28T$；假设最大需量为 B，则按最大需量每月应交纳的基本电费 $P_2 = 42B$。

考虑到用电负荷的最大需量超过所申请量的105%部分时，才双倍收取基本电费，令 $P_1 = P_2/1.05$，则有：

$$B = 70\%T$$

即当最大需量等于容量的70%时，两种交费方式下所缴纳的基本电费相同，亦即70%为两种方式盈亏的分界点：

当最大需量小于70%的变压器容量时，按最大需量缴纳基本电费便宜；

当最大需量大于70%的变压器容量时，按变压器容量缴纳基本电费便宜；

同时，考虑到"最大需量最低不得低于变压器容量的40%，低于40%的按照40%收取"的规定，当最大需量小于40%的变压器容量时，应按照变压器容量的40%缴纳基本电费（计费方式仍然是按最大需量缴纳）。

需量电费与容量电费的关系如图 5-29 所示。

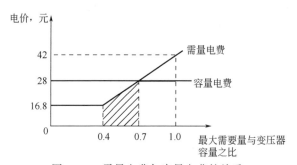

图 5-29　需量电费与容量电费的关系

就公司实际情况分析而言，在安装 1600kV·A 容量变压器的情况下，其需量需求应该在变压器容量的80%左右，由于超出70%的比例，故选择按受电变压器容量计取基本电费对公司有利。

2. 大用户直接交易的成本控制

1）大用户直接交易的成本节约

油气站或分公司应积极申请大用户直接交易政策。以北京天然气管道公司在山西省的兴县、阳曲和应县三个压气和中国石油管道公司长春分公司为例，粗略分析一下，若实行大用户直接交易可节约的电费成本。

（1）北京市天然气管道公司在山西省的三个压气站可节约的电费成本。

大用户直购电电费主要由4部分构成：①与电厂洽谈的直接购电费，目前山西电网内已成立的直接交易电费的单价平均约为0.3001元/kW·h。②输配电费，交给电网企业，执行地方定价，目前110kV为6.4分/kW·h，35kV为7.8分/kW·h。③输电损耗，交给电网企业，执行地方定价，由地方根据近三年的情况核算损耗，目前110kV损耗约为1.12%，35kV损耗约为1.2%，折算为单价约为0.04分/kW·h。④政府性基金，交给电网企业，执行地方定价，目前110kV的约为4.37分/kW·h。以上电价（不含基本电费）合计为：0.4082元/kW·h，低于目前的电价水平约0.05元/kW·h左右。2015年兴县、阳曲和应县压气站全年使用电量分别为15406×10^4kW·h，30664×10^4kW·h和333×10^4kW·h，则2015年若采用大用户直供，这三个压气站可节约电费2320万元。

（2）中国石油管道公司长春分公司可节约的电费成本。

中国石油管道长春分公司曾就大用户直接交易问题与电力公司进行了协商，但最终没有谈成，理由是站场分散，用电平稳，新增用电量不足5000×10^4kW·h。按照《吉林省电力用户与发电企业市场交易试点工作方案》（吉能电力〔2014〕44号）规定，年用电量应在2×10^8kW·h及以上且年交易电量在5000×10^4kW·h及以上可以申请大用户直供。长春分公司年销售电量近3×10^8kW·h，可以以整体名义申请，基准电量可以调整，使交易电量达到5000×10^4kW·h。即长春分公司可以申请大用户直供。通过对吉林省电力公司调研了解到2015年吉林省完成22×10^8kW·h的大用户直接交易，大用户直供的用户每度电节省0.09元。若达成大用户直供协议，年交易电量5000×10^4kW·h计，每年可节省电费约450万元。

2）大用户直接交易的程序

大用户直接交易的程序主要包括以下6个步骤：

第一，了解相关法律法规，仔细分析法律法规的内容，研究如何能够满足相关规定。最关键的是了解并积极争取纳入地方政府直接交易的准入目录；或者符合通过售电公司参与市场交易的准入条件。例如，按照《吉林省电力用户与发电企业市场交易试点工作方案》（吉能电力〔2014〕44号）的规定（具体内容如前所述），中国石油管道公司长春分公司所属的每个场站都难以满足其要求，但是如果以长春分公司的名义去申请，则可以符合规定。此外，关于其新增电量5000×10^4kW·h的规定，乍一看也难以满足条件，但是，可以通过低报存量的方式，使新增电量达到要求。

第二，递交准入资格申请。按照《山东省大用户直购电试点用户准入管理暂行办法》的规定，有意向的申请试点用户每年 2 月底前向当地市经济和信息化委提出书面申请（不同地区规定的申请时间可能会不同）。

第三，准入资格审查和批复。市经济和信息化委按准入条件对申报企业进行资格初审。通过初审的，市经济和信息化委提出初审意见，连同企业申报材料一并报送省经济和信息化委。省经济和信息化委组织对申报企业进行审核，通过审核的企业将在省经信网站上公示，时间一般为 2 周。公示期内无异议的，最终确定为大用户直购电试点用户，列入全省大用户直购电试点用户备选库。

第四，与发电厂进行洽谈，签订意向协定。意向协定中包括直购电电量和电价。洽谈前应注重了解两个方面的信息：一是已签订的相关协议中的价格，或者上一年签订协议中的平均价格等信息；二是发电厂的经营信息，即是否存在窝电现象，可利用发电厂供给能力富裕的情况为价格谈判方面争取有利条件。

第五，将与发电厂签订的意向协定递交政府部门，政府部门根据产业政策、电力供需形势以及大用户直接交易工作的进度情况，进行审核批复。

第六，签订正式合同，履行大用户直接交易协议。

3）大用户直接交易中应该关注的法律法规

与大用户直接交易有关的法律法规主要包括以下几类：

（1）交易规则方面的法规。包括：《电力用户与发电企业市场交易试点工作方案》或《电力用户与发电企业直接交易规则》《电力用户与发电企业直接交易实施意见》《关于规范电力用户与发电企业直接交易有关工作的通知》等。

（2）市场准入方面的法规。比如，山东省颁布的《大用户直购电试点用户准入管理暂行办法》。

（3）交易电价及电量方面的文件。包括：《电力用户与发电企业直接交易试点输配电价的批复》《关于落实 2016 年第一批电力直接交易电量的通知》等。

3. 力调电费的有效控制

控制力调电费的方式主要有两种：一是通过基本电费下降带来的力调电费的减少；二是采用无功补偿装置，或申请变压器的暂停和减容等，使用户达到功率考核因数的标准。目前，控制力调电费的措施主要包括：

第一，油气站的电力负荷较低时，例如在油气站开始运行的初期，应及时申请电容器的减容或暂停，避免"大马拉小车"现象的发生。

第二，安装无功补偿装置，提高功率因数。现阶段油气管道公司常用的无功补偿方式有两种，电容无功补偿和 SVG 无功补偿，两者相比，电容无功补偿设备价格远低于 SVG 无功补偿设备价格，两者价格相差 8~10 倍。两者的区别是 SVG 无功补偿设备是静止无功发生器，采用电能变换技术实现的无功补偿。SVG 与电容无功补偿的最大区别在于能主动发出无功电流，补偿负载无功电流。而电容无功补偿为无源方式，依靠无源器件自身属性进行无功补偿。SVG 无功补偿可实现动态连续无级调节，而且可以矫正波形，保证供电质量，运行灵活。而电容无功补偿需只能进行分步骤投切，存在一定的死区，只能部分解决无功补偿或谐波问题。在输油泵输出功率较为稳定时，可考虑在设备端（即对输油泵进行电容性无功补偿），在较为偏僻的站点，常年备用站场，电能质量较差的区域，可以考虑应用 SVG 无功补偿设备。在站点非油气输送设备耗能较少时，可考虑在主要设备上安装无功补偿设备，如站点非油气输出耗能较大时，应在电路的主线路上加装无功补偿设备。

第三，以集团公司或地区公司为主体与地方电力公司或国家电网公司积极洽谈，在业扩报装初期明确油气站自建输电线路在油气站正式运营之后移交电力公司，以确定合理的计量关口，减少高额力调电费的产生。在输电线路所有权转移的协商过程中，仅靠分公司和当地电力公司协商，解决难度相对较大，而在省级电力公司或国家电网的层面上，很多问题将更容易得到解决。

第四，合理选用用电设备，电动机负荷达到额定容量的 70% 以上，运行才经济。同时，应采取合适的基本电费的计价方式，降低总电费的支出。

4. 峰谷分时电价政策的有效利用

目前 32 个省级行政区中有 31 个已实行了峰谷分时电价（西藏除外）。峰谷分时电价的目的是为了调节生产，平衡电力负荷峰谷差。峰谷分时电价政策的有效利用体现在两个方面：

（1）根据现有的峰谷分时电价的规定，通过调节生产促进用电成本的降低。要实现这一目的又需要具有两个前提条件：一是生产具有调节的可能性，例如，不需要 24h 连续作业的生产部门；或者在 24h 连续作业的情况下，生产的时间及不同时间上的生产量可以调整。二是通过这种调整有利于促进用电部门成本节约或不增加生产成本支出。

（2）对于需要 24h 连续生产的部门，或者调节生产难度很大、成本过高的部门，可以向有关政府部门（国家发改委或其在地方的派出部门）申请，不执行峰谷分时电价，只执行单一电价。例如，中国电气化铁路公司（高铁运营企业）向国家发改委申请，其所属的牵引站就统一采用平电价，不执行峰谷分时电价。

　　油气管道公司应根据自身的实际生产运营情况和峰谷平的电价情况，分析其采用峰谷分时电价或采用平电价的经济成本，采用适当的峰谷分时电价有效利用策略。总体上看，目前中国各地区峰谷分时电价的价差较低，油气管道公司利用峰谷分时电价进行调节生产的情况比较少（日东线曾在投产初期在谷时段进行运行）。在这种情形下，如果全部按照平电价计费更节约电费，则可以申请选择不执行峰谷分时电价。目前峰谷分时电价政策，有些地区的价格文件规定（例如，浙江省的价格文件，福建省的价格文件）：对于电力客户可以选择是否执行峰谷分时电价。

第六章　管道能效评价

第一节　能效评价指标

一、能效评价意义

　　油气管道能效评价是在完成输送任务，同时保证安全生产的前提下，对油气管道能源消耗量及其用能单元效率等指标进行计量、计算，给出其所处水平的活动。能效评价可分为两层含义：一是能耗评价，判断能源消耗高低；二是效率评价，判断能源利用是否高效。通过能源计量、指标计算与对比，识别当前管道能源的构成、变化规律、影响因素，分析节能潜力及可采取措施，以不断提高管道用能管理水平，实现能源管理方针和承诺并达到预期的节能目标。

二、能效指标筛选

　　1.指标选取的原则
　　能效评价工作是能源管理的基础，而要完善能效评价工作首选应该要确定评价的指标体系。遵循以下6项原则来研究管道能效指标体系：
　　(1) 全面性：确定的各项指标应该能够全面反映管道的能源利用状况和能效水平的总体状况，能够涵盖主要的用能工序和环节，能够有助于找到与标杆企业间在能源利用方面的主要差距及产生原因，有助于识别影响能效水平的关键因素，为制订有效的、可行的、全面的改进措施和方案奠定基础。
　　(2) 独立性：各指标应相对独立，减少指标间的耦合现象和重复现象。
　　(3) 通用性：选择的指标应为业界所熟悉，是行业内通用的、常用的、易于获取的指标数据，指标值的计算应遵循行业统一和通用的标准、方法和口径，这样才便于行业内各企业间的比对分析，提高可比性。
　　(4) 代表性：精选最有代表性的指标组成指标体系。

（5）过程性：确定的评价指标不仅包括主要结果指标（即能反映能源利用状况的指标），还包括过程性指标（指能反映产生最终结果的重要影响因素和中间过程的指标，是描述最终结果产生原因的指标）。

（6）可操作性：用于评价的每一个指标都必须是可操作的，必须能够及时搜集到准确的数据。

2. 评价指标确定

现有管道能效评价体系已初步形成，通过选取不同指标进行组合，可实现管道能效的"定量与定性"评价。根据资料调研，国外管道公司的能耗管理以能耗成本为导向，着重成本投入与油气周转量之间的关系。现有管道能效评价指标体系比较全面，但缺乏综合、单项指标的划分，部分指标计算复杂、数据质量参差不齐，使用频率不高等，需要对指标进行筛选。科学的评价指标体系是综合评价的重要前提，初选的评价指标可以尽可能全面。当指标太多时，就会有很多重复指标，相互干扰，需要进行指标优选。优选指标体系可按如下流程获取：

（1）确定评价目标。对于评价对象由于评价目标不同，需考察不同的评价要素。

（2）分解评价目标，建立评价要素集。把所要评价的综合属性分解成小的、具体的评价要素。

（3）确定评价要素的必要度、覆盖率和重复率，指标获取难度，剔除不必要的因素，对重叠的要素进行剥离。

（4）对指标加以定性分析，最终确定评价指标。

基于对能耗历史数据的分析与统计，结合能效管理实际，从综合与单项评价角度出发，油气管道能效评价优选指标体系如图6-1所示。

综合评价指标主要包括单位周转量燃动力费、单位周转量综合能耗两个指标，这两个指标可以反映出实物量、成本与周转量的关系，能够反映油气管道能耗水平，属宏观指标，可为决策层提供决策依据、管理方法与执行指导。

单项评价指标主要包括管道能源利用率、站场能源利用率与设备效率，以管道、站场、设备作为评价分析对象，在能耗采集的基础上进行抽提，用效率这一直观指标来反映能耗水平，可为节能管理人员、生产运行人员提供简单、直接且可进行同行对标的数据，用于指导不同能耗对象的精细化管理，指导各地区公司进行能效评估，以提高节能挖潜的针对性。

但需要说明的是，不同管道由于物理属性、输送介质与输送工艺的不同，综合评价指标在不同管道间不具可比性，单项评价指标可在不同管道间进行对比。对于优选外的其他指标，建议有选择地使用。

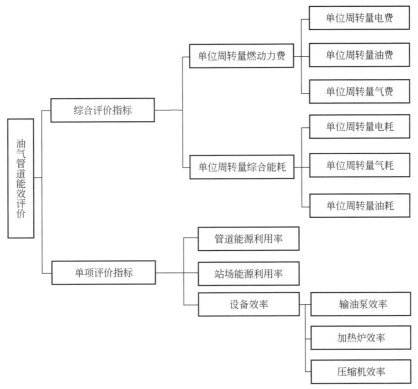

图 6-1　油气管道能效评价优选指标体系

　　合理科学的评价指标不仅可以正确反映管道整体能效水平，还能作为能耗分析、节能潜力分析的依据，促进能耗管理工作的开展。本报告从现有能耗指标中抽提具有代表性的两类指标建立新的体系，能够更好地反映能耗特点，还可以进行不同管道间的对比。能效评价除了需要采集基础数据进行计算外，评价标准与方法的选择将直接影响评价结果。

第二节　能效评价方法

　　中国石油北京调控中心油气管道能效评价经过近几年的研究取得了突破性进展，已初步建立起一套指标体系。该指标体系已涵盖实物量、强度、效率、费用和管理等不同层级。实物量层级指标主要以可测能源参量为主，如耗气、耗油、耗电量，用来反映管道能耗绝对量的高低；强度层级指标主要是单位产值能耗，即输送单位油品所消耗的能源量，用来反映能耗水平的高低；效率层级指标主要是反映管道、设备效率与能源利用率；费用层级指标主要是管理层级指标主要是偏差、相对、过程指数指标，反映管道运行管理水平。

一、按能耗管理层次评价

按照能耗数据在管道能耗管理层级的不同，能耗评价体系指标可划分为 T_1（实物量）、T_2（强度、效率、费用）、T_3（管理）三个不同层级指标。

1. T_1 级评价

T_1 层级是与能耗指标相关的基础数据，并为 T_2 层级和 T_3 层级能耗指标的计算提供依据。T_1 层级具体的能耗指标见表 6-1。

表 6-1　T_1 层级能耗指标

序号	指标	说明	单位
1	周转量	计算值	$10^7 m^3 \cdot km$
2	输量	可测量	$10^4 m^3$
3	耗能量	折标准煤计算	tce
4	耗电量	可测量	$kW \cdot h$
5	耗气量	可测量	$10^4 m^3$
6	耗油量	可测量	t

注：耗能量包括生产能源消耗量和辅助能源消耗量。

1）周转量

（1）输气管道。

站间周转量：

$$Q_{q(1,2)} = G_{qs1} L_{q(1,2)} \tag{6-1}$$

式中　$Q_{q(1,2)}$——首站至第二站的天然气周转量，$10^7 m^3 \cdot km$；

G_{qs1}——首站出站外输量，$10^7 m^3$；

$L_{q(1,2)}$——首站至第二站的距离，km。

$$Q_{q(i,i+1)} = (G_{qri} - G_{qyi} - G_{qfi}) L_{q(i,i+1)} \tag{6-2}$$

式中　$Q_{q(i,i+1)}$——站场 i 至 $i+1$ 的天然气周转量，$10^7 m^3 \cdot km$；

G_{qri}——站场 i 的注入气量，$10^7 m^3$；

G_{qyi}——站场 i 的自用气量，$10^7 \mathrm{m}^3$；

G_{qfi}——站场 i 的分输量，$10^7 \mathrm{m}^3$；

$L_{q(i,i+1)}$——站场 i 到站场 $i+1$ 的距离，km。

管道周转量：

$$Q_q = Q_{q(1,2)} + \sum_{i=2}^{n-1} Q_{q(i,i+1)} + \sum_{i=2}^{n} G_{qfi} L_{qfi} \tag{6-3}$$

式中　Q_q——天然气管道周转量，$10^7 \mathrm{m}^3 \cdot \mathrm{km}$；

G_{qfi}——站场 i 的分输量，$10^7 \mathrm{m}^3$；

L_{qfi}——站场 i 的分输距离，km；

n——天然气管道站场个数。

（2）原油管道。

站间周转量：

$$Q_{y(1,2)} = G_{ys1} L_{y(1,2)} \tag{6-4}$$

式中　$Q_{y(1,2)}$——首站至第二站的原油周转量，$10^4 \mathrm{t} \cdot \mathrm{km}$；

G_{ys1}——首站出站外输量，$10^4 \mathrm{t}$；

$L_{y(1,2)}$——首站至第二站的距离，km。

$$Q_{y(i,i+1)} = (G_{yri} - G_{yyi} - G_{yfi}) L_{y(i,i+1)} \tag{6-5}$$

式中　$Q_{y(i,i+1)}$——站场 i 至 $i+1$ 的原油周转量，$10^4 \mathrm{t} \cdot \mathrm{km}$；

G_{yri}——站场 i 的收油量，$10^4 \mathrm{t}$；

G_{yyi}——站场 i 的自用油量，$10^4 \mathrm{t}$；

G_{yfi}——站场 i 的分输量，$10^4 \mathrm{t}$；

$L_{y(i,i+1)}$——站场 i 到站场 $i+1$ 的距离，km。

管道周转量：

$$Q_y = Q_{y(1,2)} + \sum_{i=2}^{n-1} Q_{y(i,i+1)} + \sum_{i=2}^{n} G_{yfi} L_{yfi} \tag{6-6}$$

式中　Q_y——原油管道周转量，$10^4 \mathrm{t} \cdot \mathrm{km}$；

G_{yfi}——站场 i 的分输量，$10^4 \mathrm{t}$；

L_{yfi}——站场 i 的分输距离，km；

n——原油管道站场个数。

（3）成品油管道。

站间周转量：

$$Q_{c(1,2)} = G_{cs1} L_{c(1,2)} \tag{6-7}$$

式中　$Q_{c(1,2)}$——首站至第二站的成品油周转量，$10^4 \mathrm{t} \cdot \mathrm{km}$；

G_{cs1}——首站出站外输量，$10^4 t$；

$L_{c(1,2)}$——首站至第二站的距离，km。

$$Q_{c(i,i+1)} = (G_{cri} - G_{cfi})L_{c(i,i+1)} \tag{6-8}$$

式中　$Q_{c(i,i+1)}$——站场 i 至 $i+1$ 的成品油周转量，$10^4 t \cdot km$；

G_{cri}——站场 i 的收油量，$10^4 t$；

G_{cfi}——站场 i 的分输量，$10^4 t$；

$L_{c(i,i+1)}$——站场 i 到站场 $i+1$ 的距离，km。

管道周转量：

$$Q_c = Q_{c(1,2)} + \sum_{i=2}^{n-1} Q_{c(i,i+1)} + \sum_{i=2}^{n} G_{cfi} \cdot L_{cfi} \tag{6-9}$$

式中　Q_c——成品油管道周转量，$10^4 t \cdot km$；

G_{cfi}——站场 i 的分输量，$10^4 t$；

L_{cfi}——站场 i 的分输距离，km；

n——成品油管道站场个数。

2）生产能源消耗量

（1）压气站（储气库）。

$$E_{zs} = r_q E_{qr} + r_d (E_{dd} + E_{dr}) \tag{6-10}$$

式中　E_{zs}——压气站（储气库）生产能源消耗量，tce；

E_{qr}——燃驱压缩机组耗气量，$10^4 m^3$；

Ed_d——电驱压缩机组耗电量，$10^4 kW \cdot h$；

Ed_r——燃驱压缩机组配套系统耗电量，$10^4 kW \cdot h$；

r_q——天然气折标准煤系数，$10^4 m^3$ 天然气折算为 11t 标准煤；

r_d——电折标准煤系数，$10^4 kW \cdot h$ 电量折算为 1.229t 标准煤。

（2）输油站。

$$E_{zs} = r_y E_{yl} + r_d (E_{db} + E_{dl}) \tag{6-11}$$

式中　E_{zs}——输油站生产能源消耗量，tce；

E_{yl}——加热炉耗油量，t；

E_{db}——输油泵机组耗电量，$10^4 kW \cdot h$；

E_{dl}——加热炉配套系统耗电量，$10^4 kW \cdot h$；

r_y——油品折标准煤系数，1t 油折算为 1.4286t 标准煤；

r_d——电折标准煤系数，$10^4 kW \cdot h$ 电量折算为 1.229t 标准煤。

（3）管道生产能源消耗量。

$$E_s = \sum_{i=1}^{n} E_{zsi} \qquad (6-12)$$

式中　E_s——管道生产能源消耗量，tce；

　　　E_{zsi}——第 i 个输油站/压气站（储气库）生产能源消耗量，tce；

　　　n——管道输油站/压气站（储气库）个数。

3）辅助能源消耗量

辅助能源消耗量为：

$$E_f = \sum_{i=1}^{n} E_{fi} r_i \qquad (6-13)$$

式中　E_f——辅助生产能源消耗量，tce；

　　　E_{fi}——辅助生产消耗的第 i 种能源实物消耗量，t 或其他能源实物量单位；

　　　r_i——第 i 种能源折标准煤系数；

　　　n——辅助生产消耗能源的种类数。

2. T_2 级评价

由 T_1 层级能耗指标和管道实际运行数据计算得到能耗指标，能够从不同的方面反映管道的能耗水平。T_2 层级具体的能耗指标见表 6-2。

表 6-2　T_2 层级能耗指标

层级	指标	说明	单位
T_2 强度层级	气单耗	每单位周转量的能耗水平，该数值越小越好	$m^3/(10^4 t \cdot km)$
	电单耗		$kW \cdot h/(10^4 t \cdot km)$
	油单耗		$kg/(10^4 t \cdot km)$
	生产单耗		$10^{-3} tce/(10^4 t \cdot km)$
	综合单耗		$10^{-3} tce/(10^4 t \cdot km)$
	耗气输量比	反映能源消耗占输量的比重，该数值越小越好	%
	耗油输量比		%
	耗电输量比		%
	耗能输量比		%
	单位周转量有用功	反映管道耗能情况，该值越小越好	$MJ/(10^4 t \cdot km)$
	单位有用功耗能		kgce/MJ
T_2 费用层级	单位周转量电费	衡量每单位周转量的能耗成本。该数值越低，表明单位周转量油气的成本越小	10^4 元$/(10^4 t \cdot km)$
	单位周转量气费		10^4 元$/(10^4 t \cdot km)$

层级	指标	说明	单位
T₂ 费用 层级	单位周转量油费	衡量每单位周转量的能耗成本。该数值越低，表明单位周转量油气的成本越小	10^4 元/(10^4t·km)
	单位周转量燃动力费		10^4 元/(10^4t·km)
T₂ 效率 层级	电能利用率	反映能效高低的指标，该值越大越好	%
	热能利用率		%
	能源利用率		%
	设备系统效率		%

1）单位周转量能耗

（1）生产单耗。

① 输气管道：

$$M_{qs} = \frac{E_s}{Q_q} \times 1000 \qquad (6-14)$$

式中　M_{qs}——输气单位周转量生产能耗，kgce/(10^7m³·km)。

② 输油管道：

$$M_{ys} = \frac{E_s}{Q_y} \times 1000 \qquad (6-15)$$

式中　M_{ys}——输油单位周转量生产能耗，kgce/(10^4t·km)。

（2）综合单耗。

① 输气管道：

$$M_q = M_{qs} + \frac{E_f + r_q E_{qsh}}{Q_q} \times 1000 \qquad (6-16)$$

式中　M_q——输气单位周转量综合能耗，kgce/(10^7m³·km)；

　　　E_{qsh}——输气损耗量，10^4m³。

② 输油管道：

$$M_y = M_{ys} + \frac{E_f + r_y E_{ysh}}{Q_y} \times 1000 \qquad (6-17)$$

式中　M_y——输油单位周转量综合能耗，kgce/(10^4t·km)；

　　　E_{ysh}——输油损耗量，t。

2）单位输量能耗比

（1）输气管道耗能输量比：

$$R_q = \frac{E_s}{r_q Q} \times 100\% \qquad (6-18)$$

式中　R——输气管道耗能输量比,%;

　　　Q——输气管道的输量,$10^4 \mathrm{m}^3$。

（2）输油管道耗能输量比:

$$R_{\mathrm{y}} = \frac{E_{\mathrm{s}}}{r_{\mathrm{y}} G} \times 100\% \tag{6-19}$$

式中　R——输油管道耗能输量比,%;

　　　G——输油管道的输量,$10^4 \mathrm{t}$。

3）单位有用功耗能

该指标主要是借鉴 Enbridge 公司的单位水力马力成本的指标,单位为 \$/HHPU。

（1）单位水力马力能耗费用（\$/HHPU）的定义。

HHPU 是 Hydraulic Horsepower Used 的缩写,表示管道消耗的水力马力。单位水力马力能耗费用（\$/HHPU）是 Enbridge 公司的关键绩效指标之一,其定义为:一个给定管段（或管道）的总能耗成本（包括定购费和按实际消耗量支付的能源费）除以此管段（或管道）消耗的总水力马力值（HHPU）。近年来,Enbridge 公司的平均单位水力马力成本值为 57 \$/HHPU。

由于水力马力是功率的单位,建议把 \$/HHPU 改为 \$/（HHPU·h）。

（2）单位水力马力能耗费用（\$/HHPU）的用途。

① 预测未来的输送能耗费用。

预测的未来年输送成本=管道的单位水力马力能耗费用×该管道一年内消耗的总的水力马力值。

② 综合度量能耗费用。

单位水力马力能耗费用（\$/HHPU）的数值既与能耗单价有关,又与系统运行效率有关,因为 HHPU 是运送管道介质实际消耗的能量。系统运行效率综合反映了泵效、节流情况等因素对输送能耗费用的影响。但是该指标没有反映加热输油管道的热能利用情况。

（3）单位有用功耗能（kgce/kW·h）。

对北京油气调控中心调度控制的管道,我们引入了单位有用功耗能（kgce/kW·h）这个新指标,对于热油管道和输气管道,根据实际情况做了相应地修改。

对于天然气管道的等流量管段:

$$N_i = \frac{k_{\mathrm{v}}}{k_{\mathrm{v}} - 1} ZRT \left[\left(\frac{p_{\mathrm{Q}}}{p_{\mathrm{Z}}} \right)^{\frac{k_{\mathrm{v}}}{k_{\mathrm{v}} - 1}} - 1 \right] G \tag{6-20}$$

式中　N_i——管段 i 消耗的有用功率,kW;

k_v——管段 i 平均容积绝热指数；

Z——管段 i 平均压缩因子；

R——天然气的气体常数，$kJ/(kg \cdot K)$；

T——管段 i 天然气的平均温度，K；

p_Q——管段 i 起点处气体的压力，MPa；

p_Z——管段 i 终点处气体的压力，MPa；

G——管段 i 中天然气的质量流量，kg/s。

一段时间内管道消耗的有用功：

$$W = \sum_{i=1}^{m} N_i T \tag{6-21}$$

式中　W——一段时间内管道消耗的有用功，$kW \cdot h$；

m——输气管段的总数；

T——计算时间段的长度，h。

单位有用功耗能$[kgce/(kW \cdot h)]$：

$$E_d = \frac{E_s}{W} \tag{6-22}$$

式中　E_d——单位有用功耗能，$[kgce/(kW \cdot h)]$；

E_s——生产能源消耗量，kgce；

W——一段时间内管道消耗的有用功，$kW \cdot h$。

对北京油气调控中心的原油管道，除了用泵给原油加压以外，还需要用加热炉给原油加热，因此管道除了消耗水力功率外，还要消耗热力功率。因此将 Enbridge 公司的 HHPU 改为（HHPU+THPU），其中 HHPU 代表管道消耗的水力功率，THPU 代表管道消耗的热力功率。

对原油管道的等输量管段：
$$HHPU = \frac{1}{1000} G \left(\frac{p_Q}{\rho_Q} - \frac{p_Z}{\rho_Z} \right) \tag{6-23}$$

$$THPU = GC(T_Q - T_Z) \tag{6-24}$$

式中　$HHPU$——管段消耗的水力功率，kW；

$THPU$——管段消耗的热力功率，kW；

G——管段中原油的质量流量，kg/s；

p_Q——管段起点处原油的压力，Pa；

ρ_Q——管段起点处原油的密度，kg/m^3；

p_Z——管段终点处原油的压力，Pa；

ρ_Z——管段终点处原油的密度，kg/m^3；

C——平均温度下的定压比热，$kJ/(kg \cdot ℃)$；

T_Q——管段起点处原油的温度，℃；

T_Z——管道终点处原油的温度，℃。

一段时间内管道消耗的有用功：

$$W = \left(\sum_{i=1}^{m} HHPU_i + \sum_{i=1}^{m} THPU_i \right) T \qquad (6-25)$$

式中　W——一段时间内管道消耗的有用功，$kW \cdot h$；

　　　m——输油管段的总数；

　　　T——计算时间段的长度，h。

单位有用功耗能 $[kgce/(kW \cdot h)]$：

$$E_d = \frac{E_s}{W} \qquad (6-26)$$

式中　E_d——单位有用功耗能，$kgce/kW \cdot h$；

　　　E_s——生产能源消耗量，kgce；

　　　W——一段时间内管道消耗的有用功，$kW \cdot h$。

4）单位周转量消耗有用功

（1）输气管道。

$$M_{qg} = \frac{W}{Q_q} \qquad (6-27)$$

式中　M_{qg}——输气单位周转量消耗有用功，$kW \cdot h/(10^7 m^3 \cdot km)$。

（2）输油管道。

$$M_{yg} = \frac{W}{Q_y} \qquad (6-28)$$

式中　M_{yg}——输油单位周转量消耗有用功，$kgce/(10^4 t \cdot km)$。

5）能源效率指标计算

（1）输气管道。

① 压气站能源效率的计算。

绝热压头（即单位质量天然气从压气站获得的能量）：

$$H_{ad} = \frac{k_v}{k_v-1} Z_1 R T_1 \left[\left(\frac{p_2}{p_1} \right)^{\frac{k_v-1}{k_v}} - 1 \right] \qquad (6-29)$$

式中　H_{ad}——绝热压头，kJ/kg；

　　　k_v——平均容积绝热指数；

　　　Z_1——压气站进口压力下天然气压缩因子；

　　　R——通用气体常数，$kJ/(kg \cdot K)$；

　　　T_1——压气站进口状态下气体的温度，K；

p_1——压气站进口压力，MPa；

p_2——压气站出口压力，MPa。

压气站提供给输气干线的能量：

$$Q_{se} = H_{ad}\rho_0 S_G Q_v \qquad (6-30)$$

式中 Q_{se}——压气站提供给输气干线的能量，kJ/h；

ρ_0——标准状态下空气的密度，kg/m^3；

S_G——天然气相对密度；

Q_v——压气站出口天然气体积流量，m^3/h。

压气站消耗的能量：

$$Q_{sc} = BQ_{dw} + WR_1 \qquad (6-31)$$

式中 Q_{sc}——压气站用于生产的能量，kJ/h；

B——压气站用于输气生产的燃料消耗量（耗气量），m^3/h；

Q_{dw}——压气站燃料气低热值，kJ/m^3；

W——压气站用于输气生产的耗电量，kW·h/h；

R_1——电能折算标准煤系数（当量热值）。

压气站能源效率：

$$\eta_s = \frac{Q_{se}}{Q_{sc}} \times 100\% \qquad (6-32)$$

式中 η_s——压气站能源效率。

② 输气管道系统能源效率的计算。

输气管道系统能源效率即压气站平均能源效率，是指各压气站提供给输气干线的能量之和与各站直接用于生产的能源消耗量之和比值的百分数。

计算公式：

$$\eta_s = \frac{\sum_{i=1}^{n} Q_{sei}}{\sum_{i=1}^{n} Q_{sci}} \times 100\% \qquad (6-33)$$

式中 η_s——压气站平均能源效率；

n——系统内压气站个数，座；

Q_{sei}——系统内某压气站提供给某输气干线的能量，kJ/h；

Q_{sci}——系统内某压气站用于生产的耗能量，kJ/h。

（2）输油管道。

① 输油站能源效率。

输油站能源效率是指输油站提供给油品的能量与该站直接用于输油生产

的能源消耗量比值的百分数。

$$\eta_s = \frac{Q_{sc}}{Q_{sc}} \times 100\% \qquad (6-34)$$

式中　η_s——输油站能源效率；

　　　Q_{se}——输油站提供给油品的能量，kJ/h；

　　　Q_{sc}——输油站用于输油生产所消耗的能量，kJ/h。

$$Q_{se} = GC_p(T_{out}-T_{in}) + G(p_{out}-p_{in})/\rho \times 10^3 \qquad (6-35)$$

$$Q_{sc} = BQ_{dw} + WR_1 \qquad (6-36)$$

$$\rho_T = \rho_{20} - \zeta(T-20)$$

$$\zeta = 1.825 - 0.001315\rho_{20}$$

$$C_p = \frac{4.1868}{\sqrt{\rho_{15}/1000}}(0.403 + 0.00081T)$$

式中　G——输油站输出原油量，kg/h；

　　　C_p——输油站原油在进、出口平均温度下的定压比热，kJ/(kg·℃)；

　　　T_{out}——输油站原油出站温度，℃；

　　　T_{in}——输油站原油进站温度，℃；

　　　p_{out}——输油站原油出站压力，MPa；

　　　p_{in}——输油站原油进站压力，MPa；

　　　ρ——输油站原油在进、出站温度下的密度，kg/m³；

　　　B——输油站用于输油生产的燃料消耗量，kg/h；

　　　Q_{dw}——输油站燃料低热值，kJ/kg；

　　　W——输油站直接用于输油生产的耗电量，kW·h/h；

　　　R_1——电能折算系数（当量热值）；

　　　ρ_T、ρ_{20}——温度为 T 及 20℃时的油品密度，kg/m³；

　　　ζ——温度系数，kg/(m³·℃)。

② 输油站平均能源效率。

输油站平均能源效率是指各输油站提供给输油干线（站间干线）的能量之和与各站直接用于生产的能源消耗量之和比值的百分数。

$$\eta_{as} = \frac{\sum_{i=1}^{n} Q_{sei}}{\sum_{i=1}^{n} Q_{sci}} \times 100\% \qquad (6-37)$$

式中　η_{as}——输油站平均能源效率；

　　　n——系统内输油站个数，座；

Q_{sei}——系统内某输油站提供给某输油干线的能量，kJ/h；

Q_{sci}——系统内某输油站的用于生产的耗能量，kJ/h。

③ 输油站电能利用率。

输油站电能利用率是指站间输油干线从输油站获得的压力能与该站直接用于生产消耗电能比值的百分数。

$$\eta_w = \frac{W_{se}}{WR_2} \times 100\% \qquad (6-38)$$

式中　η_w——输油站电能利用率；

　　　W_{se}——输油站提供给站间干线的有效压能，kJ/h；

　　　R_2——电能折算系数，取 3600kJ/（kW·h）。

$$W_{se} = G(p_{out} - p_{in})/\rho \times 10^3 \qquad (6-39)$$

④ 原油长输管道电能利用率。

原油长输管道电能利用率是指各站间输油干线的从各输油站获得的压力能之和与各输油站直接用于生产消耗电能之和的比值的百分数。

$$\eta_{sw} = \frac{\sum\limits_{i=1}^{n} W_{sei}}{\sum\limits_{i=1}^{n} W_i R_2} \times 100\% \qquad (6-40)$$

式中　η_{sw}——全线电能利用率；

　　　W_{sei}——输油干线从输油站获得的压力能，kJ/h；

　　　W_i——某输油站输油生产耗电量，kW·h/h。

⑤ 输油站热能利用率。

输油站热能利用率是指输油站加热干线介质的能量与该站加热干线介质所消耗的能量比值的百分数。

$$\eta_{sh} = \frac{Q_{seh}}{Q_{sch}} \times 100\% \qquad (6-41)$$

式中　η_{sh}——输油站热能利用率；

　　　Q_{seh}——输油站加热干线介质所用的能量，kJ/h；

　　　Q_{sch}——输油站加热干线介质所消耗的能量，kJ/h。

$$Q_{seh} = GC_p(t_{out} - t_{in}) \qquad (6-42)$$

$$Q_{sch} = Q_1 + Q_p \qquad (6-43)$$

式中　Q_1——加热炉、锅炉所消耗的能量，kJ/h；

　　　Q_p——输油泵功率损失转换的热量，kJ/h。

$$Q_1 = BQ_{dw} \qquad (6-44)$$

$$Q_p = G_p(T_{pout} - T_{pin})c_T \qquad (6\text{-}45)$$

式中　G_p——输油泵流量，kg/h；

　　　T_{pout}——输油泵原油出口温度，℃；

　　　T_{pin}——输油泵原油进口温度，℃；

　　　c_T——输油泵原油进、出口平均温度下的比定压热容，kJ/(kg·℃)。

⑥ 原油长输管道热能利用率。

原油长输管道热能利用率是指各输油站加热干线介质的能量之和与各输油站加热干线介质所消耗的能量之和比值的百分数。

$$\eta_{syh} = \frac{\sum\limits_{i=1}^{n} Q_{sehi}}{\sum\limits_{i=1}^{n} Q_{schi}} \times 100\% \qquad (6\text{-}46)$$

式中　η_{syh}——原油长输管道热能利用率；

　　　Q_{sehi}——某输油站加热干线介质所用的能量，kJ/h；

　　　Q_{schi}——某输油站加热干线介质所消耗的热量，kJ/h。

6）运行状况型

（1）节流损失。

$$E = \sum\limits_{i=1}^{n} (p_{1i} - p_{2i})G_i/\rho_{Ti} \qquad (6\text{-}47)$$

式中　E——管道的节流损失，MJ；

　　　G_i——第 i 个泵站/减压站经过调节阀的流量，kg；

　　　p_{1i}——第 i 个泵站/减压站调节阀入口处的压力，MPa；

　　　p_{2i}——第 i 个泵站/减压站调节阀出口处的压力，MPa；

　　　T_i——第 i 个泵站/减压站调节阀前后的平均温度，K；

　　　ρ_{Ti}——平均温度下原油的密度，kg/m³。

（2）节流损失率。

$$\eta = \frac{E}{kE_S} \times 100\% \qquad (6\text{-}48)$$

式中　η——节流损失率，%；

　　　E_S——生产能耗，tec；

　　　k——标准煤折算成能量的折算系数，MJ/tec。

7）单位能耗费用型指标

此类指标的计算方法类似于单耗型指标。

3. T_3 级评价

该层级指标是反映管道能耗管理水平的指标。由 T_1 层级能耗指标和 T_2

层级能耗指标经过数学计算得到，可直接用于评价管道的能耗水平，为管道运行管理提供决策支持。T_3 层级的具体能耗指标见表 6-3。

表 6-3　T_3 层级能耗指标

序号	指标	说明	单位
1	能耗指数 α	反映实际生产单耗与平均生产单耗相对百分比偏差	%
2	能耗指数 β	反映生产单耗所处区间位置	%

1）层级指标计算

（1）能耗指数 α。

根据历史统计相同季节、相同输量台阶、相近周转量条件下实际生产单耗与平均生产单耗的相对偏差，确定能耗指数 α。能耗指数 α 计算公式如下：

$$\alpha_i = \frac{\varepsilon_i - \overline{\varepsilon_i}}{\overline{\varepsilon_i}} \times 100\% \tag{6-49}$$

式中　ε_i——实际生产单耗，$kgce/(10^7 m^3 \cdot km)$；

$\overline{\varepsilon_i}$——平均生产单耗（根据拟合曲线获得），$kgce/(10^7 m^3 \cdot km)$；

α_i——能耗指数，生产单耗与平均生产单耗相对偏差，%。

对于周、月、季能耗数据，可将其折算成平均日能耗数据，根据式（6-49）计算出相应的周、月、季能耗指数。

（2）能耗指数 β。

根据历史统计相同季节、相同输量台阶、相近周转量条件下生产单耗的最大值和最小值，确定能耗指数 β。

能耗指数 β 计算如下：

$$\beta_i = \frac{\varepsilon_i - \varepsilon_{min}}{\varepsilon_{max} - \varepsilon_{min}} \times 100\% \tag{6-50}$$

式中　ε_i——实际生产单耗，$kgce/(10^7 m^3 \cdot km)$；

ε_{max}——相同条件下历史最高生产单耗，$kgce/(10^7 m^3 \cdot km)$；

ε_{min}——相同条件下历史最低生产单耗，$kgce/(10^7 m^3 \cdot km)$；

β_i——能耗指数。

历史生产单耗最大值及最小值的确定：

① 将特定历史生产单耗平均值曲线划分成更小的若干输量范围；

② 找到每个输量范围内的生产单耗最大值及最小值；

③ 分别对生产单耗最大值及最小值进行曲线拟合；

④ 若所拟合的生产单耗最大值与最小值曲线可将所有能耗点包含其中，

则认为所拟合的最大值、最小值曲线为该种特定条件下的生产单耗最大值及最小值，否则，将曲线进行少量平移，直到将所有能耗点全部包含其中为止。由此确定生产单耗最大值及最小值。

2）能耗水平等级分类

（1）能耗等级水平划分标准。

能耗等级水平的划分，以服从正态分布的原则，分别以生产单耗的平均值及最大值、最小值为标准，将管道的能耗水平划分为高、较高、中等、较低和低五级，等级划分标准如图6-2所示。

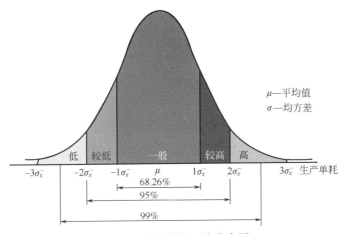

图6-2　能耗数据正态分布图

正态分布的概率密度函数为：

$$f(x) = \frac{1}{\sqrt{2\pi}\sigma} \exp\left(-\frac{(x-\mu)^2}{2\sigma^2}\right), -\infty < x < +\infty$$

式中　　x——所描述的随机变量；

　　　　μ——随机变量的均值；

　　　　σ——随机变量的标准差。

正态分布函数满足"3σ规则"，即正态分布随机变量的值落在 $[\mu-\sigma,\mu+\sigma]$ 区间的概率为 68.26%；落在 $[\mu-2\sigma,\mu+2\sigma]$ 区间的概率为 95%；落在 $[\mu-3\sigma,\mu+3\sigma]$ 区间的概率为 99%，即正态随机变量的值落在 $[\mu-3\sigma,\mu+3\sigma]$ 区间几乎是肯定的事。

随机变量分布函数参数的估计方法主要有矩估计、极大似然估计和贝叶斯估计等。本研究采用矩估计法计算正态分布的均值 μ，标准偏差 σ。对于 n 个样本 $x_1,x_2,\cdots,x_n$，可采用以下公式计算上述矩指标：

$$\mu = \frac{1}{n} \sum_{i=1}^{n} x_i \tag{6-51}$$

$$\sigma^2 = \frac{1}{n} \sum_{i=1}^{n} (x_i - \mu)^2 \tag{6-52}$$

分布函数的检验方法主要包括正态概率纸检验，皮尔逊 x^2 拟合检验，柯尔莫哥洛夫与斯米尔诺夫（Kolmogorov-Smirnov）检验，Shapiro Wilk W 检验与 D'Agostino D 检验等，其中 W 检验与 D 检验都是正态性检验，已被定为国家标准。W 检验要求样本容量 n 在 3~50 之间，D 检验要求样本容量 n 在 50~1000 之间。

D 检验步骤如下：

检验问题为 H_0：总体服从正态分布；H_1：总体不服从正态分布。

将观测值按非降次序排列成：$X_{(1)} \leqslant X_{(2)} \leqslant \cdots \leqslant X_{(n)}$

定义统计量：
$$D = \frac{\sum_{k=1}^{n} \left(k - \frac{n+1}{2} \right) X_{(k)}}{(\sqrt{n})^3 \sqrt{\sum_{k=1}^{n} (X_{(k)} - \bar{X})^2}}$$

在 H_0 之下，D 的近似标准化变量为：$Y = \dfrac{D - E(D)}{\sqrt{\mathrm{Var}(D)}} = \dfrac{\sqrt{n}(D - 0.28209479)}{0.02998598}$

在 H_0 之下，Y 渐近于正态分布 $N(0,1)$。故当 H_0 成立时，Y 的值不能太大也不能太小。于是对给定的显著性水平 α，从统计量 Y 的 α 分位数表中查得 $Z_{\alpha/2}$ 和 $Z_{1-\alpha/2}$，当 $Y < Z_{\alpha/2}$ 或 $Y > Z_{1-\alpha/2}$ 时，拒绝 H_0，当 $Z_{\alpha/2} \leqslant Y \leqslant Z_{1-\alpha/2}$ 时不拒绝 H_0。

（2）根据能耗指数 α 确定能耗等级。

根据能耗指数 α 确定能耗等级见表 6-4。

表 6-4 能耗等级-能耗指数 α

序号	α	能耗水平	显示颜色
1	$< \dfrac{(\mu - 1.96\sigma) - \bar{\varepsilon}}{\bar{\varepsilon}}$	低	蓝色
2	$\left[\dfrac{(\mu - 1.96\sigma) - \bar{\varepsilon}}{\bar{\varepsilon}}, \dfrac{(\mu - \sigma) - \bar{\varepsilon}}{\bar{\varepsilon}} \right)$	较低	绿色
3	$\left[\dfrac{(\mu - \sigma) - \bar{\varepsilon}}{\bar{\varepsilon}}, \dfrac{(\mu + \sigma) - \bar{\varepsilon}}{\bar{\varepsilon}} \right)$	中等	黄色

序号	α	能耗水平	显示颜色
4	$\left[\dfrac{(\mu+\sigma)-\bar{\varepsilon}}{\bar{\varepsilon}},\ \dfrac{(\mu+1.96\sigma)-\bar{\varepsilon}}{\bar{\varepsilon}}\right]$	较高	橙红
5	$>\dfrac{(\mu+1.96\sigma)-\bar{\varepsilon}}{\bar{\varepsilon}}$	高	红色

注：$\bar{\varepsilon}$——历史生产单耗拟合平均值，kgce/($10^7 \mathrm{m}^3 \cdot$ km)；μ——相同条件下生产单耗离散数据统计平均值，kgce/($10^7 \mathrm{m}^3 \cdot$ km)；σ——相同条件下生产单耗离散数据均方差，kgce/($10^7 \mathrm{m}^3 \cdot$ km)。

（3）根据能耗指数 β 确定能耗等级。

根据 T_3 层级指标能耗指数确定能耗水平等级，确定原则见表6-5。

表6-5　能耗等级-能耗指数 β

序号	β_i	能耗水平	显示颜色
1	$<\dfrac{(\mu-1.96\sigma)-\varepsilon_{\min}}{\varepsilon_{\max}-\varepsilon_{\min}}$	低	蓝色
2	$\left[\dfrac{(\mu-1.96\sigma)-\varepsilon_{\min}}{\varepsilon_{\max}-\varepsilon_{\min}},\ \dfrac{(\mu-\sigma)-\varepsilon_{\min}}{\varepsilon_{\max}-\varepsilon_{\min}}\right)$	较低	绿色
3	$\left[\dfrac{(\mu-\sigma)-\varepsilon_{\min}}{\varepsilon_{\max}-\varepsilon_{\min}},\ \dfrac{(\mu+\sigma)-\varepsilon_{\min}}{\varepsilon_{\max}-\varepsilon_{\min}}\right]$	中等	黄色
4	$\left(\dfrac{(\mu+\sigma)-\varepsilon_{\min}}{\varepsilon_{\max}-\varepsilon_{\min}},\ \dfrac{(\mu+1.96\sigma)-\varepsilon_{\min}}{\varepsilon_{\max}-\varepsilon_{\min}}\right)$	较高	橙红
5	$>\dfrac{(\mu+1.96\sigma)-\varepsilon_{\min}}{\varepsilon_{\max}-\varepsilon_{\min}}$	高	红色

注：$\varepsilon_{\max}$——历史生产单耗拟合最大值，kgce/($10^7 \mathrm{m}^3 \cdot$ km)；$\varepsilon_{\min}$——历史生产单耗拟合最小值，kgce/($10^7 \mathrm{m}^3 \cdot$ km)；μ——相同条件下生产单耗离散数据统计平均值，kgce/($10^7 \mathrm{m}^3 \cdot$ km)；σ——相同条件下生产单耗离散数据均方差，kgce/($10^7 \mathrm{m}^3 \cdot$ km)。

二、按不同分析对象评价

长输管道能耗分析评价的对象可以是管网、管道、站场、设备等不同对象，根据分析评价对象的不同，能耗指标体系见表6-6。

表 6-6　按分析评价对象构建能耗指标

序号	分类	评价内容	指标
1	设备	输油泵	泵利用率
			运行效率
		加热炉	有效热负荷
			炉利用率
			耗油量
		压缩机	压缩机利用率
			运行效率
2	站场	包括泵站、热站、减压站、压气站、储气库（带压缩机）等	能源利用率（即能源效率）
			热能利用率
			电能利用率
			站节流量
			耗电输量比
			耗油输量比
			耗气输量比
3	管段		散热量
			传热系数
4	管道及管网		耗能量
			耗电量
			耗油量
			耗气量
			能源利用率（即能源效率）
			热能利用率
			电能利用率
			电单耗
			油单耗
			气单耗
			生产单耗
			综合单耗
			节流损失
			节流损失率
			管输单位有用功耗能
			单位周转量消耗有用功

因此，在对不同的对象进行分析评价时，即可利用此指标体系完成各自的分析评价。

三、算例分析

1.涩宁兰输气管道算例分析

以涩宁兰输气管线为例，将 2009 年 2 月 1 日及 2009 年 2 月 2 日能耗数据代入 T_3 层级指标计算公式中，计算其能耗指数，再将能耗指数代入能耗等级区间中，以获得能耗所处等级。

2009 年 2 月 1 日涩北首站进气 $882.9 \times 10^4 m^3$，2009 年 2 月 2 日涩北首站进气 $884 \times 10^4 m^3$，涩北首站、羊肠子沟压气站、乌兰压气站和湖东压气站的机组运行方式均为 1+1+1+1。

1）历史生产单耗最大值及最小值的确定

在该特定条件下生产单耗的平均值、最大值及最小值如图 6-3 所示，即

$$\varepsilon_{max} = -0.0007847x^2 + 1.4933x - 360.179$$

$$\varepsilon_{pj} = -0.0006693x^2 + 1.3294x - 325.748$$

$$\varepsilon_{min} = -0.0003815x^2 + 0.7392x - 47.453$$

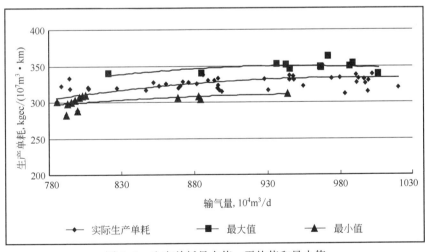

图 6-3　生产单耗最大值、平均值和最小值

2）计算能耗指数 α

2009 年 2 月 1 日实际生产单耗：$\varepsilon_1 = 307.61 tce/(10^4 m^3 km)$

2009 年 2 月 2 日实际生产单耗：$\varepsilon_2 = 304.35$ tce/$(10^4 m^3 km)$

生产单耗历史统计平均值曲线：$\varepsilon_{pj} = -0.0006693x^2 + 1.3294x - 325.748$

将 2009 年 2 月 1 日、2 月 2 日的输量代入上式中，得：

2009 年 2 月 1 日工况对应的历史能耗统计平均值：$\varepsilon_{pj}^1 = 326.25$ tce/$(10^4 m^3 \cdot km)$

2009 年 2 月 2 日工况对应的历史能耗统计平均值：$\varepsilon_{pj}^2 = 326.41$ tce/$(10^4 m^3 \cdot km)$

2009 年 2 月 1 日能耗指数 α_1 为：$\alpha_1 = \dfrac{\varepsilon_1 - \varepsilon_{pj}^1}{\varepsilon_{pj}^1} \times 100\% = -5.71\%$

2009 年 2 月 2 日能耗指数 α_2 为：$\alpha_2 = \dfrac{\varepsilon_2 - \varepsilon_{pj}^2}{\varepsilon_{pj}^2} \times 100\% = -6.76\%$

3）计算能耗指数 β

历史统计最大值曲线：$\varepsilon_{max} = -0.0007847x^2 + 1.4933x - 360.179$

历史统计最小值曲线：$\varepsilon_{min} = -0.0003815x^2 + 0.7392x - 47.453$

2009 年 2 月 1 日对应的历史统计最大值：$\varepsilon_{max}^1 = 346.57$ tce/$(10^4 m^3 \cdot km)$

2009 年 2 月 2 日对应的历史统计最大值：$\varepsilon_{max}^2 = 346.69$ tce/$(10^4 m^3 \cdot km)$

2009 年 2 月 1 日对应的历史统计最小值：$\varepsilon_{min}^1 = 307.80$ tce/$(10^4 m^3 \cdot km)$

2009 年 2 月 2 日对应的历史统计最小值：$\varepsilon_{min}^2 = 307.87$ tce/$(10^4 m^3 \cdot km)$

2009 年 2 月 1 日能耗指数 β_1 为：$\beta_1 = \dfrac{\varepsilon_1 - \varepsilon_{min}^1}{\varepsilon_{max}^1 - \varepsilon_{min}^1} \times 100\% = -0.49\%$

2009 年 2 月 1 日能耗指数 β_2 为：$\beta_2 = \dfrac{\varepsilon_2 - \varepsilon_{min}^2}{\varepsilon_{max}^2 - \varepsilon_{min}^2} \times 100\% = -9.07\%$

4）能耗水平评价

以下为涩宁兰管道 2008 年 11 月 1 日—2009 年 3 月 11 日的能耗数据统计直方图，经检验其符合正态分布，如图 6-4 和表 6-7 所示。

表 6-7　能耗数据统计结果

流量区间，$10^4 m^3/d$	个数	平均值，kgce/$(10^7 m^3 \cdot km)$	标准差，kgce/$(10^7 m^3 \cdot km)$	分布函数	Y 值
[760.2，1023.4]	124	329.344	14.6558	正态	-2.31

通过以上计算步骤，可对 2009 年 2 月 1 日、2 日生产单耗数据进行评价、对比，评价结果为：2009 年 2 月 1 日、2 日生产单耗水平都处于运行比较好

的层级，如图 6-5 和表 6-8 所示。

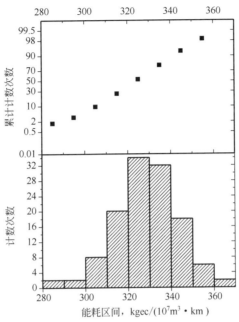

图 6-4　能耗数据统计直方图

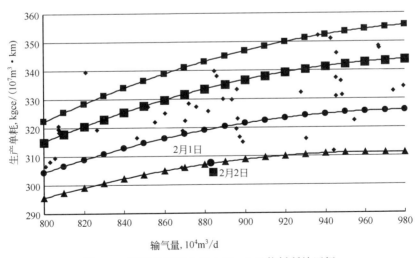

图 6-5　涩宁兰管道 2 月 1 日、2 日能耗所处区间

表 6-8　能耗水平评价结果

日期	输量 $10^4m^3/d$	生产单耗 kgce/ $(10^7m^3 \cdot km)$	平均值 kgce/ $(10^7m^3 \cdot km)$	最大值 kgce/ $(10^7m^3 \cdot km)$	最小值 kgce/ $(10^7m^3 \cdot km)$	指数分类	能耗指数 %	能耗等级
2009.2.1	882.9	307.61	326.25	346.57	307.80	α	-5.71	低
						β	-0.49	低
2009.2.2	884	304.35	326.41	346.69	307.87	α	-6.76	低
						β	-9.07	低

5）能耗差异原因分析

从图 6-5 中可以看出，与 2009 年 2 月 1 日运行条件类似的工况为 2009 年 3 月 3 日，其生产单耗值位于历史能耗统计平均值曲线附近，其能耗水平为中等。

2009 年 3 月 3 日涩北首站进气 $889.2\times10^4m^3$，涩北首站、羊肠子沟压气站、乌兰压气站和湖东压气站的机组运行方式为 1+1+1+1。

2009 年 2 月 1 日和 2009 年 3 月 3 日的主要能耗指标见表 6-9。

表 6-9　能耗指标对比

时间	输气量 $10^4m^3/d$	周转量 $10^7m^3 \cdot km$	生产单耗 kgce/ $(10^4m^3 \cdot km)$	单位周转量消耗有用功 MJ/ $(10^7m^3 \cdot km)$	单位有用功耗能 kgce/MJ	管存 10^4m^3	能源利用率 %
2009-2-1	882.9	742.25	307.61	1024.03	0.3004	1681	16.0
2009-3-3	889.2	757.11	329.97	1151.66	0.2865	1460	17.0

以 2009 年 2 月 1 日的工况和 2009 年 3 月 3 日的工况为例，从表 6-9 中可以看出，2009 年 2 月 1 日的生产单耗为 307.61kgce/$(10^4m^3 \cdot km)$，单位周转量消耗有用功 1024.03MJ/$(10^7m^3 \cdot km)$，单位有用功耗能 0.3004kgce/MJ，管存 $1681\times10^4m^3$，能源利用率 16.0%。2009 年 3 月 3 日的生产单耗为 329.97kgce/$(10^4m^3 \cdot km)$，单位周转量消耗有用功 1151.66MJ/$(10^7m^3 \cdot km)$，单位有用功耗能 0.2865kgce/MJ，管存 $1460\times10^4m^3$，能源利用率 17.0%。

经过分析可知：2009 年 2 月 1 号生产单耗低的原因主要是管存较高，因此单位周转量消耗有用功较低；单位有用功耗能较高的原因是管存较高，因此节流损失的能量较大，另外，其能源利用率较低。

涩宁兰管道 2009 年二月第 3 周（2 月 15 日—2 月 21 日）和第 4 周（2 月 22 日—2 月 28 日）评价结果如图 6-6 和表 6-10 所示。

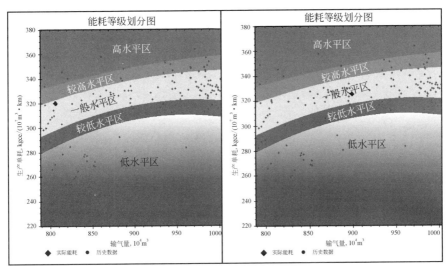

图 6-6　涩宁兰管道 2009 年 2 月第 3 周和第 4 周能耗水平评价结果

表 6-10　能耗水平评价结果

2 月周	平均日输量，$10^4 \mathrm{m}^3$	生产单耗，kgce/$(10^7 \mathrm{m}^3 \cdot \mathrm{km})$	平均值，kgce/$(10^7 \mathrm{m}^3 \cdot \mathrm{km})$	最大值，kgce/$(10^7 \mathrm{m}^3 \cdot \mathrm{km})$	最小值，kgce/$(10^7 \mathrm{m}^3 \cdot \mathrm{km})$	能耗指数 α	能耗指数 β	能耗水平
第 3 周	806.74	319.43	311.44	348.03	280.47	3%	58%	中等
第 4 周	899.7	325.28	329.29	346.89	299.44	−1%	54%	中等

　　从图 6-6 中可以看出，2 月份第 3 周和第 4 周涩宁兰管道的运行能耗水平均处于中等。

　　2009 年 2 月第 3 周和第 4 周的能耗指标对比见表 6-11。

表 6-11　两周平均能耗指标对比

时间	平均日输气量 $10^4 \mathrm{m}^3/\mathrm{d}$	平均日周转量 $10^7 \mathrm{m}^3 \cdot \mathrm{km}$	生产单耗 kgce/$(10^4 \mathrm{m}^3 \cdot \mathrm{km})$	单位周转量消耗有用功 MJ/$(10^7 \mathrm{m}^3 \cdot \mathrm{km})$	单位有用功耗能 kgce/MJ	管存 $10^4 \mathrm{m}^3$	能源利用率 %
2 月第 3 周	806.7	683.9	319.43	1065.2	0.3544	1533	15.7
2 月第 4 周	899.7	755.4	325.28	1933.1	0.2229	1444	16.2

　　从表 6-11 中可以看出，按照传统的环比法，第 4 周的生产单耗高于第 3 周，其运行能耗水平偏高；在新的指标体系中，从能耗指数 α 可以看出，第 4 周的运行能耗水平略优于第 3 周，第 4 周生产单耗值偏高主要是由于输量和

周转量增大导致的单位周转量消耗有用功也相应增加，但是第 4 周单位有用功耗能偏低，能源利用率偏高使得第 4 周的能耗水平略优于第 3 周能耗水平。

2. 秦京输油管道算例分析

以秦京输油管道为例，将 2009 年 2 月 10 日以及 2009 年 2 月第 2 周（9—15 日）和第 3 周（16—22 日）的能耗数据代入 T_3 层级指标计算公式中，计算其能耗指数，再将其代入能耗等级区间中，以获得能耗所处等级。

2009 年 2 月 10 日秦京管道输油量 16071t，周转量 1415.86×10^4t·km，生产单耗 108.68kgce/（10^4t·km）。秦皇岛、迁安和宝坻三站开泵，秦皇岛、昌黎、迁安、丰润、宝坻、大兴和房山均开加热炉。

2009 年 2 月第 2 周秦京管道输油量 111849t，周转量 9853.96×10^4t·km，生产单耗 107.64kgce/（10^4t·km）。

2009 年 2 月第 3 周秦京管道输油量 116991t，周转量 9706.92×10^4t·km，平均生产单耗 110.23kgce/（10^4t·km）。

1）历史生产单耗最大值及最小值的确定

历史生产单耗最大值及最小值如图 6-7 所示，即

$$\varepsilon_{max} = 0.00001135x^2 - 0.36090243x + 2999.1498$$

$$\varepsilon_{pj} = 0.00000892x^2 - 0.29251001x + 2508.1196$$

$$\varepsilon_{min} = 0.00000686x^2 - 0.22470548x + 1943.3885$$

由此，可确定在该特定条件下生产单耗的平均值、最大值及最小值。

将秦京管线 2009 年 2 月 10 日以及 2009 年 2 月第 2 周能耗数据代入到 T_3 层级指标计算公式中，计算其能耗指数，再将其代入能耗等级区间中，以获得能耗所处等级。

2）计算能耗指数 α

2009 年 2 月 10 日：

实际生产单耗：$\varepsilon = 108.68$kgce/（10^4t·km）

将实际输量 16071t 代入历史统计平均值曲线，得：$\varepsilon_{pj} = 111.02$kgce/（$10^4$t·km）

能耗指数 α 为：$\alpha = \dfrac{\varepsilon - \varepsilon_{pj}}{\varepsilon_{pj}} \times 100\% = 2.1\%$

2009 年 2 月第 2 周：

周平均实际生产单耗：$\varepsilon = 107.71$kgce/（10^4t·km）

历史统计平均值曲线：$\varepsilon_{pj} = 0.00000892x^2 - 0.29251001x + 2508.1196$

将周平均输量 15978t 代入历史统计平均值曲线，得：$\varepsilon_{pj} = 111.64$kgce/（$10^4$t·km）

166

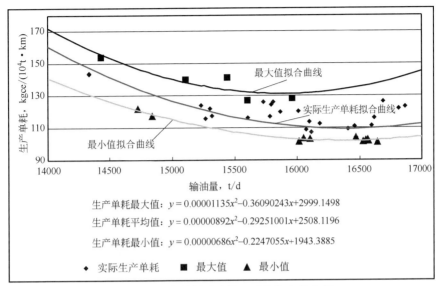

图 6-7　生产单耗最大值、平均值和最小值

能耗指数 α 为：$\alpha = \dfrac{\varepsilon - \varepsilon_{pj}}{\varepsilon_{pj}} \times 100\% = -3.5\%$

2009 年 2 月第 3 周：

周平均实际生产单耗：$\varepsilon = 110.40 \text{kgce}/(10^4 \text{t} \cdot \text{km})$

将周平均输量 16713t 代入历史统计平均值曲线，得：$\varepsilon_{pj} = 110.97 \text{kgce}/(10^4 \text{t} \cdot \text{km})$

能耗指数 α 为：$\alpha = \dfrac{\varepsilon - \varepsilon_{pj}}{\varepsilon_{pj}} \times 100\% = -0.5\%$

3）计算能耗指数 β

2009 年 2 月 10 日：

对应历史统计最大值：$\varepsilon_{max} = 130.27 \text{kgce}/(10^4 \text{t} \cdot \text{km})$

对应历史统计最小值：$\varepsilon_{min} = 104.38 \text{kgce}/(10^4 \text{t} \cdot \text{km})$

2009 年 2 月 10 日能耗指数 β_1 为：$\beta = \dfrac{\varepsilon - \varepsilon_{min}}{\varepsilon_{max} - \varepsilon_{min}} \times 100\% = 17.9\%$

2009 年 2 月第 2 周：

2009 年 2 月第 2 周能耗指数 β_1 为：$\beta = \dfrac{\varepsilon - \varepsilon_{min}}{\varepsilon_{max} - \varepsilon_{min}} \times 100\% = 12.9\%$

2009 年 2 月第 3 周：

2009 年 2 月第 3 周能耗指数 β_1 为：$\beta = \dfrac{\varepsilon - \varepsilon_{\min}}{\varepsilon_{\max} - \varepsilon_{\min}} \times 100\% = 18.9\%$

4）能耗水平评价

通过以上计算，可对 2009 年 2 月 10 日以及 2009 年 2 月第 2 周及第 3 周能耗数据进行评价，2009 年 2 月 10 日的生产单耗水平处于中等层级，如图 6-8、图 6-9 和表 6-12 所示。2009 年 2 月第 2 周生产单耗水平仍处于中等层级，但非常接近较低层级，2009 年 2 月第 3 周生产单耗水平处于中等层级，如图 6-10 和表 6-13 所示。

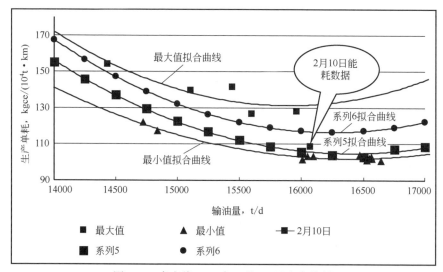

图 6-8　秦京线 2009 年 2 月 10 日生产单耗

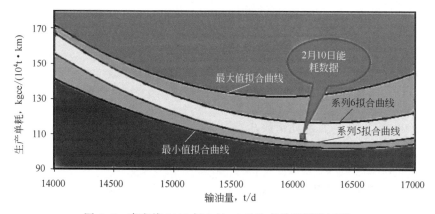

图 6-9　秦京线 2009 年 2 月 10 日生产单耗所处区间

表 6-12 秦京线 2009 年 2 月 10 号能耗水平评价结果

能耗指数	输量，t/d	实际单耗，kgce/$(10^4 t \cdot km)$	平均值，kgce/$(10^4 t \cdot km)$	最大值，kgce/$(10^4 t \cdot km)$	最小值，kgce/$(10^4 t \cdot km)$	能耗指数%	能耗等级
α	16071	108.68	111.02	130.53	103.93	-2.1%	中等
β	16071	108.68	111.02	130.53	103.93	17.9%	中等

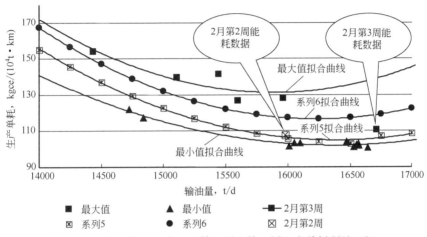

图 6-10 秦京线 2009 年 2 月第 2 周和第 3 周生产单耗所处区间

表 6-13 秦京线 2009 年 2 月第 2 周能耗水平评价结果

时间	指数	周平均输量，t/d	实际单耗，kgce/$(10^4 t \cdot km)$	平均值，kgce/$(10^4 t \cdot km)$	最大值，kgce/$(10^4 t \cdot km)$	最小值，kgce/$(10^4 t \cdot km)$	能耗指数，%	能耗等级
2 周	α	15978	107.71	111.64	130.27	104.38	-3.5%	中等
	β	15978	107.71	111.64	130.27	104.38	12.9%	中等
3 周	α	16713	110.40	110.97	137.72	104.05	-0.5%	中等
	β	16713	110.40	110.97	137.72	104.05	18.9%	中等

5）能耗差异原因分析

从图 6-9 中可以看出，2009 年 2 月第 2 周和第 3 周能耗均处于中等偏下水平，第 2 周略优于第 3 周，这两周的 T_1 和 T_2 层级能耗指标见表 6-14。

经过分析可知：2009 年 2 月第 2 周生产单耗较优的主要原因是单位周转量消耗有用功较低，节流损失率较低，但是其能源利用率比第 3 周偏低，单位有用功耗能略高。

表 6-14　能耗指标对比

时间	日平均输油量 t/d	日平均周转量 10^4t·km	生产单耗 kgce/(10^4t·km)	单位周转量消耗有用功 MJ/(10^4t·km)	单位有用功耗能 kgce/MJ	能源利用率 %	节流损失率 %
2009 年 2 月第 2 周	15978	1354.73	107.64	4449.13	0.0242	51.5	7.7
2009 年 2 月第 3 周	16713	1386.70	11023.00	5048.29	0.0218	53.7	8.6

第七章　能源管理机制

能源是人类赖以生存和发展的重要物质基础。能源利用涉及社会生产、生活的各个领域、各个方面，节能工作需要全社会的共同努力。推动全社会节约能源，不是要抑制和减少人类的生产、生活需求，其关键是加强用能管理，采取技术上可行、经济上合理以及环境和社会可以承受的措施，提高能源利用效率。为实现节约能源，应当通过调整产业结构、淘汰落后的耗能过高的产品、设备和生产工艺，减少能源使用量。更为重要的是要通过加强用能管理，采用先进的节能技术，努力提高能源利用效率。制定节约能源管理制度，对促进经济社会全面协调可持续发展具有重要意义。

从国家层面上看，为加强全社会节能管理工作，1997年11月1日第八届全国人民代表大会常务委员会第二十八次会议通过，自1998年1月1日起施行的《中华人民共和国节约能源法》，推动了全社会节约能源，提高能源利用效率，保护和改善环境，促进经济社会全面协调可持续发展。为进一步完善节能法律法规，2007年10月28日第十届全国人民代表大会常务委员会第三十次会议和2016年7月2日第十二届全国人民代表大会常务委员会第二十一次会议两次对《中华人民共和国节约能源法》进行了修改完善。

从中国石油来看，集团公司始终从战略高度重视和加强节能工作，先后发布《中国石油天然气集团公司节能节水管理办法》《中国石油天然气集团公司节能节水监测管理规定》等一大批管理办法和企业标准规范，从方方面面统筹考虑节能工作，从项目前期、初步设计、投产、运行等项目全生命周期均加强节能工作。

第一节　管理架构

中石油管道有限责任公司（图7-1）对节能工作实行统一领导、分级管理、分工负责体制。主要任务是贯彻执行国家有关节能的法律法规和方针政策，围绕建设综合性国际能源公司的发展要求，以科学发展观为指导，坚持开发与节约并重、节约优先的原则，加快建设资源节约型企业，通过理念节能、机制节能、技术节能和管理节能，促进油气管道业务又好又快发展。

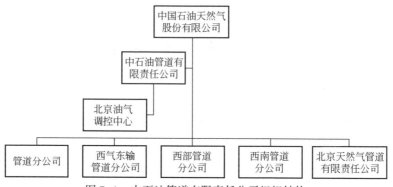

图7-1　中石油管道有限责任公司组织结构

　　中石油管道有限责任公司生产经营部是中油管道节能工作的综合管理部门，其主要职责是指导和监督业务归口企业的节能节水工作；依据集团公司节能专项规划和年度工作计划，结合本公司的业务发展规划、年度生产经营计划和投资计划，制定相应的节能年度工作计划；集团公司节能管理部门共同制定业务归口企业的节能考核指标，开展节能型企业的创建和评价考核工作；按照《集团公司投资管理办法》中投资项目管理权限，组织权限范围内投资项目节能评估审查和节能专项投资项目的评估审查，督促、检查节能专项投资项目的实施，参与《集团公司投资管理办法》中一、二类投资项目节能评估审查和节能专项投资项目的评估审查；负责能源消耗计量的监督管理，组织开展重点耗能设备、装置、系统的节能监测；组织开展本公司业务领域内主要装置、系统、设备的节能指标的对标分析和研究，以及节能技术筛选、推广和宣传培训工作。

　　各管道成员企业是节能工作的责任主体，其主要领导是本单位节能工作的第一责任人，对本单位节能节水工作全面负责。履行以下职责：明确本企业节能的管理部门，配备必要的管理人员；依据集团公司节能专项规划和中油管道工作计划，制定本企业节能年度工作计划，并组织实施；负责节能型企业的创建和对所属单位节能节水指标的分解和考核；负责本企业能源消耗计量的监督管理，组织开展重点耗能用水设备、装置、系统的节能节水监测；按进度实施节能专项投资项目，定期向集团公司、中油管道分别报送节能专项投资项目进展情况；负责本企业节能统计、分析，定期向集团公司、规划计划部、中油管道分别报送节能统计报表；组织开展节能技术改造、评价、交流和宣传培训工作。

　　管道节能节能监测中心负责依据集团公司和中油管道年度节能监测计划安排，对重点耗能设备、装置、系统的能源利用状况进行测试、评价；开展固定资产投资项目能耗指标的测试评价，技改项目实施效果测试，以及能源审计等工作。

第二节　管理制度

一、预算制度

　　财务预算是指企业在计划期内反映有关现金收支、经营成果和财务状况的预算。财务预算是反映某一方面财务活动的预算，如反映现金收支活动的现金预算；反映销售收入的销售预算；反映成本、费用支出的生产费用预算（又包括直接材料预算、直接人工预算、制造费用预算）、期间费用预算；反映资本支出活动的资本预算等。预算管理是指企业在战略目标的指导下，对未来的经营活动和相应财务结果进行充分、全面的预测和筹划，并通过对执行过程的监控，将实际完成情况与预算目标不断对照和分析，从而及时指导经营活动的改善和调整，以帮助管理者更加有效地管理企业和最大限度地实现战略目标。

　　能耗预算属于财务预算范畴，对于管输企业而言，能耗成本占企业现金成本的比重可能超过50%，因此，能耗预算是管输企业财务预算的重要组成部分。

　　为加强能耗管理，做好节能降耗工作，建立健全节能管理体制机制，各企业必须建立能耗预算制度。即要根据一定时期内管输任务输量，采取相应的能耗预测方法，详细测算各管道天然气、电力和原油等能耗实物消耗量，再根据确定的能耗实物单价来确定能耗费用。这就是能耗预算制度，能耗预算年度预算和年度分月预算，以及月度能耗预算等。一般如果管道任务输量有较大调整时应重新进行能耗预测，以便财务预算更加准确可靠。

　　目前，中石油管道有限责任公司负责管道业务能耗预算工作，北京油气调控中心负责一级调控管道能耗预测、管道成员企业负责所属二级调控管道能耗预测，所有预测数据均需报中石油管道有限责任公司生产经营部进行核算，通过核算后提交财务部门，作为财务一算的依据。

二、目标制度

　　能源管理的目标是建立健全节能管理机构和节能管理工作责任制，配备专职节能管理工作人员，严格责任落实。结合公司实际情况，制定完善的节能规划计划，并组织实施。定期研究部署节能重点工作。定期开展节能培训工作，管理人员和设备操作人员要持证上岗，并定期接受岗位培训。按时完成年度节能工程，按规定制订年度高耗低效设备更新改造计划，按规定淘汰落后能耗工艺、设备和产品；推广应用节能新技术、新工艺、新材料、新产品。定期开展能源利用和主要耗能设备监测工作，对达不到要求的要采取整改措施。

三、对标制度

所谓"对标"就是对比标杆找差距。对标管理，由美国施乐公司于1979年首创，已成为现代西方发达国家企业管理活动中支持企业不断改进和获得竞争优势的最重要的管理方式之一，西方管理学界将对标管理与企业再造、战略联盟一起并称为20世纪90年代三大管理方法。推行对标管理，就是要把企业的目光紧紧盯住业界最好水平，明确自身与业界最佳的差距，从而指明了工作的总体方向。标杆除了是业界的最好水平，还可以将企业自身的最好水平也作为内部标杆，通过与自身相比较，可以增强自信，不断超越自我，从而能更有效地推动企业向业界最好水平靠齐。

1. 能效对标管理基本要素

能效对标管理基本要素是最佳节能实践和度量标准。最佳节能实践指节能领先企业在能源管理中所推行的最为有效的节能措施和办法。度量标准指能真实客观地反映企业能源管理绩效的一套指标体系，以及相应地作为标杆用的一套基准数据。能效对标管理的关键是适当选择和确定被学习和借鉴的对象和标准（标杆企业）。

2. 对标管理方法

实际对标法：选择确定拟进行对标的产品、工艺流程，针对所选择的产品、工艺流程，研究确定多项能效指标，包括产品综合能耗、产品分能源品种消耗（如产品单位电耗）、工序能耗等，对所确定的参照企业，分析、确定其每一项能效指标的具体值，分析确定本企业、国外参照企业在每一项能效指标的定义、计算方法上的可能不同，并研究提出企业能效指标值的调整计算方法。

虚拟对标法：构建虚拟参照企业，虚拟参照企业将是一个理想的企业模型，包含完整的工艺流程，在每一个工序都具有最高的能效水平。

3. 对标管理的实施

企业能效对标工作的实施内容总体可概括为：确定一个目标、建立两个数据库、建设三个体系，如图7-2所示。确定一个目标，即企业能效对标活动的开展要紧紧围绕企业节能目标，全面开展能效对标工作，将企业节能目标落实到企业各项能源管理工作中。建立两个数据库，即建立指标数据库和最佳节能实践库。建设三个体系：一是建设能效对标指标体系；二是建立能效对标评价体系；三是建立能效对标管理控制体系。

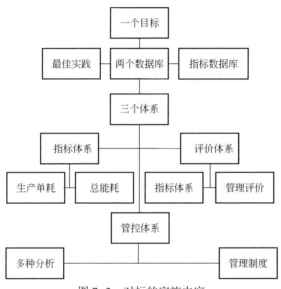

图7-2 对标的实施内容

企业能效对标工作的实施分为六个步骤或阶段：现状分析阶段、选定标杆阶段、对标比较阶段、最佳实践阶段、指标评价阶段、持续改进阶段。企业应按照能效对标工作的实施内容，分阶段开展能效对标工作，明确各阶段的工作目标、主要工作任务和有关要求，确保对标工作循序渐进的进行；要求真务实，力戒形式主义，力求实效。

4. 对标工作管理制度建设

建立信息发布制度。信息发布内容包括：按对标周期发布各类对标指标；按年度发布指标综合分析结果；适时发布对标管理典型经验，按年度发布标杆单位；动态发布对标工作简报等信息；按需要发布对标工作其他相关信息。

建立信息报送制度。企业相关对标责任部门应按时间要求及规定格式向企业能效对标管理职能部门报送能效对标指标数据及书面报表。企业要按有

关要求向政府节能主管部门、行业协会报送指标数据。企业报送的能效对标指标数据应保证准确性、实时性和唯一性。

四、考核制度

集团公司实行节能目标责任制和节能考核评价制度，将节能目标完成情况纳入业绩考核。各单位应逐级分解落实节能目标，严格考核。统一组织对节能型企业创建工作进行考核评比。

各企业应根据企业实际制定详细的节能考核制度，明确职责、节能目标和考核内容，并具有可操作性。

1. 考核范围

企业节能考核范围应根据自身实际情况制定，主要包括目标、职责和考核等三方面内容。

2. 考核依据

要根据《中华人民共和国节约能源法》及国家、行业和企业制定标准规范要求，编制考核细则，细化节能考核目标和考核指标等内容。

3. 考核职责及内容

企业根据内部部门分工，制定相应职责和考核内容，明确并细化职责界面和考核内容，分工明确。

节能部门负责公司日常节能工作，行使公司节能管理职能。组织贯彻国家及省市节能管理法律法规、方针政策，落实省市各级节能主管部门有关节能节水管理工作的安排要求。编制和修订公司各项节能管理制度；建立和调整公司节能管理保证体系，完善节能管理网络。负责企业节能技术措施项目的审核立项、监督执行、检查考核工作。对公司各类能源购入、能源利用与节能管理进行指导服务和督察考评；经常性地对用能现场和节能情况进行监督检查与考核评价，控制和消除各类不合理用能及"跑、冒、滴、漏"等浪费现象。负责公司能耗定额与限额管理，根据上级下达的节能指标计划和能源消耗定额，编制、修订公司的节能措施与节能指标计划和能耗定额限额指标，定期检查、分析、考核用能部门节能绩效与指标完成情况。负责企业各类能源消耗数据的统计或审核工作；建立和完善企业各类能源消耗台账；定期对企业能源消耗情况进行统计分析；按要求编制各项能源消耗统计报表，按时上报各级能源主管部门。对各重点耗能设备和站房进行技术经济分析与运行监督。进行节能宣传、教育和培训工作，组织开展各类节能活动。负责编制企业节能规划和计划。编制、检查、总结节能计划（包括产品单耗和综合能耗的定额与考核指标）并跟踪和督促落实。结合企业技术改造和设备检修等工作的展开，创造好节能四新利用或节能技术改造条件，有效结合或实施节能与合理用能篇章。在生产过程中，及时调整能源动力系统运行供应，提高生产用能均衡性，努力降低燃料、动力消耗。在生产调度会上及时总结各部门节能计划和能耗指标的执行情况，对浪费能源的现象督促落实整改。及时总结企业生产和辅助生产系统的合理用能经验，并提出改进用能管理和采取节能技术措施的建议安排。负责组织企业节能宣传、教育和培训工作。组织节能专业技术培训，能源管理短期培训、结合企业能源利用的节能技术报告会和交流研讨会。组织开展公司好各类节能活动，不断提高全员节能意识与节能技能。进行重点耗能设备操作岗位专业培训，并实施上岗操作的考核、发证工作。

计量部门负责根据企业能源进出、分配和消耗等的实际需要，按照"用能单位能源计量器具配备和管理导则"的要求，编制并实施能源计量器具配备规划。组织制订能源计量的各种技术标准和管理制度并贯彻实施。负责能源计量情况和数据的监督检查，会同企业节能主管部门规定能源计量的重点管理项目，建立重点监测网点和信息传递、反馈流程、管理办法。积极推广应用计量新技术、新器具，努力提高企业能源计量的技术水平和管理水平。参加企业能量平衡的测试工作，负责解决测试中的计量问题。

各用能部门负责各类能源使用的属地管理和自主管理工作。建立完善本部门能源管理制度和能源管理保证体系。按时向节能部门提报并实施各项节能技术措施、管理措施项目。对所属区域内的各类用能设施进行巡视检查，对能效低下等不合理用能现状和跑冒滴漏等不正常现象要及时维修整改，杜绝各类违章、浪费用能现象。严格执行各类能耗定额限额。落实上级部门下达的各项节能指标和节能计划。按时报送相关能源原始统计报表。不断进行节能宣传教育和节能技能培训工作。

五、奖惩制度

对于违反公司节能管理规定的，对集团公司节能节水工作造成严重不良影响的、未按照项目管理程序进行节能节水评估审查的、新建（改扩建）项目能耗水耗指标测试不合格的、在节能节水工作中不认真履行职责而失职渎职的，对相关责任人按集团公司管理人员违纪违规行为处分的有关规定追究责任。

对被评为节能先进的，予以表彰。对被评为节能型先进企业的，予以表彰奖励。对在节能工作中做出突出成绩的集体和个人予以表彰奖励。所属企业应结合本企业的实际，制定相应的奖励政策。

　　要根据制定的节能管理考核办法的规定，经常性地对用能部门特别是重点用能部门进行节能管理状态与工作状态的督查考核，对不尽责尽职或各类浪费、违章情况进行通报，并定期将违章用能，受到罚款处理的部门、人员明细表报考核主管部门，并督促实施。

参 考 文 献

［1］ 刘国豪，赵国星，等.SY/T 6837—2011：油气输送管道系统节能监测规范［M］.北京：石油工业出版社，2011.

［2］ 黄钟岳，王晓放.透平式压缩机［M］.北京：化学工业出版社，2004.

［3］ 杨光大.天然气集输管网瞬态模拟软件 TGNET 及其应用［J］.成都：天然气与石油，1998.

［4］ 卓明浩.天然气管道压缩机能耗软件开发［D］.中国石油大学，2012.

［6］ 苏欣，章磊，刘佳，等.SPS 与 TGNET 在天然气管网仿真中应用与认识［J］.天然气与石油，2009.

［7］ 李长俊，汪玉香，王元春.输气管道系统仿真技术发展状况［J］.管道技术与设备，1999（05）：32-35.

［8］ 常大海，王善珂，肖尉.国外管道仿真技术发展状况［J］.油气储运，1997（10）：9-13.

［9］ 吴长春，张鹏，蒋方美.输气管道仿真软件及其在供气调峰中的应用［J］.石油工业技术监督，2005.

［10］ F·Tabkhi. Optimization of gas transmission networks［D］.Laboratoire de Génie Chimique，2007.

［11］ 刘振方，唐善华，等.天然气管道合理管存方法的应用［J］.油气储运，2009，28（09）：69-72.

［12］ 沈孝风.输气干线管网瞬态模拟仿真与优化技术研究［D］.中国石油大学，2010.

［13］ Phil Feber. Gas Pipeline Optimization［R］.PSIG，2000.

［14］ 孙德刚，薛国民，等.Q/SY 1212—2009《能源计量器具配备规范》［M］.北京：石油工业出版社，2009.

［15］ 李荣光，孙笑非，等.GB/T 20901—2007《石油石化行业能源计量器具配备和管理要求》［M］.北京：中国标准出版社，2007.

［16］ 刘国豪，赵国星，等.GB/T 34165—2017：油气输送管道系统节能监测规范［M］.北京：中国标准出版社，2017.

［17］ 刘国豪，管维均，等."十二五"期间油气管道输送系统设备能效监测分析［J］.石油石化节能，2016，6（11）：10-13.

［18］ 王乾坤，杨景丽.能源工程师［M］，北京：石油工业出版社，2018.

［19］ 刘振方，刘松，等.Q/SY 09209—2018 油气管道能耗测算方法，北京：石油工业出版社，2018.

［20］ 李国豪，李云杰，等.Q/SY 197—2012 油气管道输送损耗计算方法，北京：石油工业出版社，2012.

［21］ 刘雯.浅谈影响热油管道能耗的主要因素［J］.管道技术与设备，2001（03）：15-17.

［22］ 林冉，朱英如，余绩庆，等.基于人工神经网络的热油管道能耗预测模型［J］.石油石化节能，2012，2（01）：6-8.

［23］ 左丽丽，刘冰，吴长春，等.水力马力能耗指标在管道能耗分析中的应用［J］.油气储运，2012，31（04）：301-303.

［24］ 赵佳丽，吴长春，孙伶.基于最小二乘支持向量机的原油管道能耗预测［J］.油气储运，2011，30（12）：945-948.

［25］ 薛向东，冯伟，康阳，等.油气管道能耗计算与评价方法［J］.油气储运，2011，30（10）：743-745.

［26］ 王永红，刘冰，张帆，等.基于 EDA 方法的成品油管道能耗水平评价［J］.节能技术，2010，28（01）：43-46.